SHENQIDEYUZHOU

神奇的宇宙

解读我们生存的 天体太阳系

张法坤◎编著

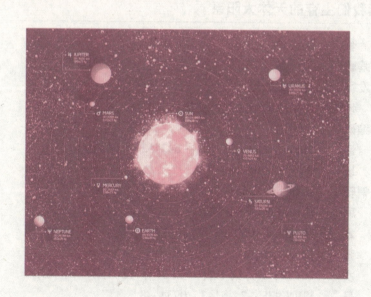

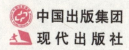
中国出版集团
现代出版社

图书在版编目（CIP）数据

解读我们生存的天体太阳系／张法坤编著．—北京：现代
出版社，2012.12（2024.12重印）
　（神奇的宇宙）
ISBN 978 - 7 - 5143 - 0934 - 8

Ⅰ.①解…　Ⅱ.①张…　Ⅲ.①太阳系－青年读物②太
阳系－少年读物　Ⅳ.①P18－49

中国版本图书馆 CIP 数据核字（2012）第 275091 号

解读我们生存的天体太阳系

编　　著	张法坤
责任编辑	张　晶
出版发行	现代出版社
地　　址	北京市朝阳区安外安华里 504 号
邮政编码	100011
电　　话	010 - 64267325　010 - 64245264（兼传真）
网　　址	www. xdcbs. com
电子信箱	xiandai@ cnpitc. com. cn
印　　刷	唐山富达印务有限公司
开　　本	710mm×1000mm　1/16
印　　张	12
版　　次	2013 年 1 月第 1 版　2024 年 12 月第 4 次印刷
书　　号	ISBN 978 - 7 - 5143 - 0934 - 8
定　　价	57. 00 元

前 言

　　人类对太阳系的探密活动很早就开始了，虽然在古代，没有现代先进的天文探测工具，但依靠肉眼的仔细观察和有限的科学计算，古人还是积累了一些关于太阳系的知识。那时人们对太阳系的了解还处在十分有限的阶段，随着科技的进步，现代化的观测、探测工具的陆续出现，人类对太阳系的探测活动取得了极大的进步，获得了更丰富更确实的相关知识。比如，望远镜的出现和在天文观测上的使用使人类第一次"看清了"月球，知道月球上也有"山"有"海"，"阿波罗 11 号"宇宙飞船的登月成功圆了人类千年的飞天梦，使月球成为了除地球之外，人类第一个"涉足"的天体。可以想象，那是个多么激动人心的时刻！还有"探测者"号飞船对火星的成功登陆，也使我们对火星有了更多、更科学的认识……人类的每一次天文探测、观测活动的极大成功，都会在相当程度上引发人们一场场研究和讨论，进而为下一步的探索活动奠定了基础。

　　时至今日，人们对太阳系的探索还在进行中，虽然我们已经知道了很多关于太阳系的知识，但太阳系仍然有我们不知道的秘密，有些已经"了解"的知识还有很多地方需要进一步验证，所以说，太阳系对于我们来说，还是"未知"的，探索活动还有一段很长很长的路要走。

目 录

初识太阳系

　　太阳系的发现是人类认识宇宙的过程中的第一次大飞跃，从那时起，我们对于附近的宇宙空间的结构和运动开始有了正确的了解。

　　现在大家知道，我们脚下的大地是一个球体，这个地球是一个行星，它和另外 7 个行星一起围绕太阳旋转。八大行星和太阳，还有一些其他的小天体（小行星、彗星、流星等），它们所构成的体系就是太阳系。

　　人类就居住在太阳系之中。但是，"发现"这个体系，也就是说，真正了解这个体系的结构以及我们在其中所在的地位，却并不是一帆风顺的。

古人眼中的天与地

　　古代，人们对于天的认识是模糊的。上是天，下是地，天不过是地的对立物。但是天是什么，地又是什么，并不清楚。

　　经过长期观察，人们提出了关于天地结构的种种看法。

"盖天说"

　　这一学说可能起源于殷末周初，它在发展过程中也有几种不同的见解。早期认为"天圆如张盖，地方如棋局"，穹隆状的天覆盖在呈正方形的平直大地上。但圆盖形的天与正方形的大地边缘无法吻合。于是又有人提出，天并不与地相接，而是像一把大伞一样高高悬在大地之上，地的周边有 8 根柱子支撑

盖天说

着，天和地的形状犹如一座顶部为圆穹形的凉亭。共工怒触不周山和女娲炼石补天的神话正是以持这种见解的盖天说为依据的。还有一种形成较晚的盖天说提出天是球穹状的，地也是球穹状的，两者间的间距是 8 万里，北极位于天穹的中央，日月星辰绕之旋转不息，盖天说通常把日月星辰的出没解释为它们运行时远近距离变化所致，离远了就看不见，离近了就看见它们照耀。

据《晋书·天文志》记载："其言天似盖笠，地法覆盘，天地各中高外下。北极之下为天地之中，其地最高，而滂沲四陨，三光隐映，以为昼夜。天中高于外衡冬至日之所在六万里。北极下地高于外衡下地亦六万里，外衡高于北极下地二万里。天地隆高相从，日去地恒八万里。"按照这个宇宙图式，天是一个穹形，地也是一个穹形，就如同心球穹，两个穹形的间距是八万里。北极是"盖笠"状的天穹的中央，日月星辰绕之旋转不息。盖天说认为，日月星辰的出没，并非真的出没，而只是离远了就看不见，离得近了，就看见它们照耀。

据东汉学者王充解释："今试使一人把大炬火，夜行于平地，去人十里，火光灭矣；非灭也，远使然耳。今，日西转不复见，是火灭之类也。"

王充

盖天说，无疑是我国最古老的宇宙说之一。天似穹庐，笼盖四野，天苍苍，野茫茫，风吹草低见牛羊。当你来到茫茫原野，举目四望，只见天空从四面八方将你包围，有如巨大的半球形天盖笼罩在大地之上，而无垠的大地在远处似与天相接，挡住了你的视线，使一切景色都消失在天地相接的地方。这一景象无疑会使人们产生天在上，地在下，天盖地的宇宙结构观念。

盖天说正是以此作为其基本观点的。盖天说为了解释天体的东升西落和日月行星在恒星间的位置变化，设想出一种蚁在磨上的模型。认为天体都附着在天盖上，天盖周日旋转不息，带着诸天体东升西落。但日月行星又在天盖上缓慢地东移，由于天盖转得快，日月行星运动慢，都仍被带着做周日旋转，这就如同磨盘上带着几个缓慢爬行的蚂蚁，虽然它们向东爬，但仍被磨盘带着向西转。

太阳在天空的位置时高时低，冬天在南方低空中，一天之内绕一个大圈子；夏天在天顶附近，绕一个小圈子；春秋分则介于其中。盖天说认为，太阳冬至日在天盖上的轨道很大，直径有47.6万华里，夏至日则只有23.8万华里。盖天说又认为人目所及范围为16.7万华里，再远就看不见了，所以白天的到来是因为太阳走近了，晚上是太阳走远了。这样就可以解释昼夜长短和日出入方向的周年变化。

浑天说

盖天说的主要观测器是表（即髀），利用勾股定理做出定量计算，赋予盖天说以数学化的形式，使盖天说成为当时有影响的一个学派。

日月星辰东升西落，它们从哪里升起来，又落到哪里去，盖天说不能解答。这使人们对盖天说的半边球壳的说法不满意，认为下面应该再有半个球壳才对。于是产生了一种新的看法——"浑天说"。

浑天说

浑天说可能始于战国时期。屈原《天问》："圜则九重，孰营度之？"这里的"圜"有的注家认为就是天球的意思。西汉末的扬雄提到了"浑天"这个词，这是现今所知的最早的记载。他在《法言·重黎》篇里说："或问浑天。曰：落下闳营之，鲜于妄人度之，耿中丞象之。"这里的"浑天"是浑天仪，实即浑仪（见浑仪和浑象）的意思。扬雄是在和《问天》对照的情况下来说这段话的。由此可见，落下闳时已有浑天说及其观庖瞧鳌。

浑天说最初认为：地球不是孤零零地悬在空中的，而是浮在水上；后来又有发展，认为地球浮在气中，因此有可能回旋浮动，这就是"地有四游"的朴素地动说的先河。浑天说认为全天恒星都布于一个"天球"上，而日月五星则附丽于"天球"上运行，这与现代天文学的天球概念十分接近。因而浑天说采用球面坐标系，如赤道坐标系，来量度天体的位置，计量天体的运动。

张 衡

在古代，例如，对于恒星的昏旦中天，日月五星的顺逆去留，都采用浑天说体系来描述，所以，浑天说不只是一种宇宙学说，而且是一种观测和测量天体视运动的计算体系，类似现代的球面天文学。

浑天说认为"天地之体，状如鸟卵，天包于地外，犹卵之裹黄"，把天和地比做蛋壳和蛋黄的关系。日月星辰附着于蛋壳上绕地运动。按照这种想法，东汉的张衡做了一个"浑天仪"，在一个圆球上刻上星座，让这个球绕轴转动，可以表演星星东升西落的现象，预告某一颗星在什么时候处在什么方位。浑天说就比盖天说进步得多了。最可贵的是，它初步提出了大地是球形的正确观念。

浑天说提出后，并未能立即取代盖天说，而是两家各执一端，争论不休。但是，在宇宙结构的认识上，浑天说显然要比盖天说进步得多，能更好地解释许多天象。

另一方面，浑天说手中有两大法宝：一是当时最先进的观天仪——浑仪，借助于它，浑天家可以用精确的观测事实来论证浑天说。在中国古代，依据这些观测事实而制定的历法具有相当的精度，这是盖天说所无法比拟的。另一大法宝就是浑象，利用它可以形象地演示天体的运行，使人们不得不折服于浑天说的卓越思想，因此，浑天说逐渐取得了优势地位。到了唐代，天文学家一行等人通过天地测试彻底否定了盖天说，使浑天说在中国古代天文领域称雄了上千年。

世界上各个民族和国家，特别是一些文明古国，在它们的文化发达的初期，对于天地的结构，都曾经产生自己的看法。例如，古代印度人认为大地是 4 只大象驮着的，4 只大象又站在一只乌龟背上，乌龟却浮在无边无际的大海上。古巴比伦人认为大地像一个隆起的乌龟背，上面罩着半球形的固体天穹。

浑天仪

各民族既有自己的特点，也有它们的共同之处。

大体说来，从盖天说到浑天说的发展基本上可以代表早期的宇宙结构观念。这种观念的特点是把天看成一个硬壳，星星都附着在这个壳上。的确，大多数星星的相对位置是不变的，星座的形状是不变的，好像是固定在一个壳上随它旋转。

➡ 知识点

>>>>>

浑天仪

　　浑天仪是浑仪和浑象的总称。浑天仪浑仪是测量天体球面坐标的一种仪器，而浑象是古代用来演示天象的仪表。它们是我国东汉天文学家张衡所制的。西方的浑天仪最早由埃拉托色尼于公元前255年发明。葡萄牙国旗上画有浑仪。自马努埃一世起浑天仪成为该国之象征。

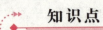

延伸阅读

　　张衡，东汉章帝建初三年（78年），诞生于南阳郡西鄂县石桥镇（今河南省南阳市城北石桥镇）一个破落的官僚家庭。祖父张堪是地方官吏，曾任蜀郡太守和渔阳太守。张衡幼年时候，家境已经衰落，有时还要靠亲友接济。

　　正是这种贫困的生活使他能够接触到社会下层的劳动群众和一些生产、生活实际，从而给他后来的科学创造事业带来了积极的影响。在数学、地理、绘画和文学等方面，张衡表现出了非凡的才能和广博的学识。

　　张衡是东汉中期浑天说的代表人物之一；他指出月球本身并不发光，月光其实是日光的反射；他还正确地解释了月食的成因，并且认识到宇宙的无限性和行星运动的快慢与距离地球远近的关系。

　　张衡观测记录了2 500颗恒星，创制了世界上第一架能比较准确地表演天象的漏水转浑天仪，第一架测试地震的仪器——候风地动仪，还制造出了指南车、自动记里鼓车、飞行数里的木鸟等等。

　　张衡共著有科学、哲学和文学著作32篇，其中天文学著作有《灵宪》和《灵宪图》等。为了纪念张衡的功绩，人们将月球背面的一个环形山命名为"张衡环形山"，将小行星1802命名为"张衡星"。

从托勒密到牛顿

随着阿拉伯和欧洲航海事业的发达，行星的观测达到相当精密的程度。掌握行星运动规律和预测行星的位置成为天文学家的一项重要任务。

着眼于行星运动的规律，一种新的宇宙学说——地心说产生出来了。

公元2世纪，古希腊的亚历山大里亚（在今埃及）学派的托勒密是地心说的代表。他总结了行星的天文观测结果和前人关于行星运动规律的看法，创立了完整的地心说体系。

地心说认为：大地是球形的，地球是宇宙的中心；太阳围绕地球旋转；行星在所谓"本轮"上旋转，本轮的中心又在所谓"均轮"上绕地球旋转；旋转的轨道都是正圆，轨道大小各不相同，运转速度也不一样；恒星仍然固定在球壳似的天穹上，恒星天球也绕地球转动。

地心说包含了浑天说关于大地是球形的正确观念，而它最重要的成就，是运用数学建立了行星体系的模型，用来说明行星运动的规律性。

地心体系不仅能够说明行星的运动为什么有进有退，有快有慢，而且能够

托勒密

用来推算行星的位置，可以相当好地预测行星的方位。因为它同实际相当一致，符合航海的需要，所以在相当长时期里被人们接受和采用。一直到中世纪，它都是最有影响的宇宙学说。

托勒密的学说同古代人们关于宇宙的看法相比有很大的进步。

由于这个体系的建立，行星从恒星中区别出来，标志着人们对于天的进一步的了解。在这个体系中，行星在虚空中运动，和我们的距离是各不相同的，

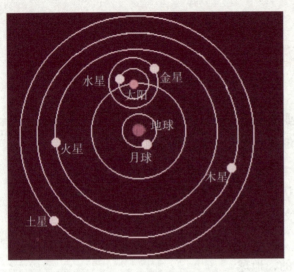

水星　金星　太阳　地球　月球　火星　木星　土星

地心说

这就包含了多层天球的观念。

旋转的多层天球体系的建立实际上是人类认识太阳系的先声，是日心说的基础。

随着观测仪器的不断改进，行星位置和运动的观测越来越精确。观测到的行星实际位置同托勒密体系计算出来的结果的偏差逐渐显示出来了。

但是，信奉地心说的人们想出了补救的办法。他们在本轮上再加小本轮，让行星在一个小圆圈上运动，这个小圆的中心绕太阳运动，太阳又带着它绕地球运动。

起初这种小本轮方法还能勉强弥补观测同理论计算的偏差。后来观测越来越精确，行星观测位置同理论计算结果的偏差越来越明显。人们又在小本轮上再套小本轮，一个套一个，越套越多。到了中世纪，已经要用80多重小本轮了，却还不能满意地计算出行星的准确位置。

这就不能不使人怀疑用来计算行星位置的托勒密体系的正确性了。

但是，中世纪的欧洲教会已经按照地心体系建立了一套"天堂"和"地狱"的神学体系。他们说，上帝造了人，把人安放在宇宙的中心——地球上。

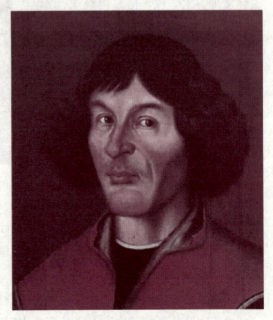

哥白尼

于是，如果有人怀疑地心体系，怀疑地球是不是宇宙中心，并且尝试建立以太阳作为中心的体系，就要触犯宗教的教义。如果地球不在宇宙中心，基督教教义岂不就错了！因此教会力图维护地心说，阻挠对于托勒密体系的批判和变革。

推翻地心说，创立日心地动说，把宇宙理论推向前进，完成这个历史使命的，是波兰天文学家哥白尼。

1543 年，哥白尼发表了一部光辉的著作——《天体运行论》。在这部具有历史意义的著作里，哥白尼提出了完整的日心说体系。

他不仅提出了自己的学说，而且认真地论证了自己的学说。科学的论证而不是哲学的思辨，这就使哥白尼高于前人，使日心观念成为真正的科学。

在哥白尼的日心体系中，太阳是行星系统的中心，一切行星都绕太阳旋转；地球也是一个行星，地球是运动的。地球有两种运动：它一方面像陀螺一样自转，一方面像其他行星一样围绕太阳公转。

哥白尼一方面从离心力使旋转物体要向外飞散来说明包容一切的宇宙都围绕地球转动的不可能性，又从相对运动的角度说明了恒星天球的东升西落以及不容易察觉地球运动的原因，确立了地球自转的观念。

另一方面，哥白尼又运用当时正在发展中的三角学的成就，分析了行星、太阳、地球之间的关系，计算了行星轨道的相对大小，彻底揭露了托勒密体系中的混乱和矛盾，得到了天体顺序的正确的排列，证明了以太阳为中心的行星体系的正确性。

日心体系一开始就显出了它的优越性。它的威力不仅在于它的充分有力的论证和体系的协调和完美，而且还在于，按照这个体系计算出来的行星位置，比繁

太　阳

琐的地心体系的本轮方法算出来的要精确得多，同时还说明了四季的成因等过去不能理解的许多天文现象。

实践是检验真理的标准。经得住实践的检验，这是哥白尼学说的威力所在。

日心学说的建立，使人们正确地了解了我们附近的宇宙空间的结构以及我们所处的地位，可以说，在这个时候人类才真正发现了太阳系。

哥白尼的著作出版以后被教会列为禁书，意大利哲学家布鲁诺为了维护日心说而被教会烧死意大利物理学家、天文学家伽利略为了赞成日心说受到教廷的审判。日心说由这些不畏强暴、不怕牺牲的人捍卫和继承下来了。

日心说的建立不仅在天文学上是一个大跃进，并且由于它对神学的否定而深刻地影响了其他科学的发展。

哥白尼的日心学说对于太阳系的正确认识，为进一步了解太阳系结构和运动的规律性打下了基础。在这个基础上，德国天文学家开普勒又向前迈进了一步。

哥白尼的行星轨道是正圆。这不仅因为他认为圆是最完美的图形，主要还是由于从当时的观测结果看，行星轨道同正圆形几乎没有什么差别。后来更加精确的观测结果表明，用哥白尼体系计算出来的行星位置，同实际位置还有偏差。

开普勒

开普勒用丹麦天文学家第谷和他自己的观测结果进行了大量的分析和计算，发现了偏差的来源。原来，行星运动的轨道是椭圆形的。他在这个基础上，总结出行星运动的3条重要的定律。

第一，行星轨道是椭圆，太阳位于椭圆的一个焦点上。也就是说，行星绕太阳公转中，离太阳时近时远。

第二，在行星运动中，行星到太阳的连线在同样时间里扫过同样的面积。也就是说，行星靠近太阳的时候，距离小，速度快，远离太阳的时候，距离大，速度慢。

第三，行星绕太阳公转一周的时间（周期）的平方跟轨道平均半径的立方成正比。离太阳越远的行星公转周期越长。

这就是开普勒行星运动三定律。用这些定律来计算行星的位置，就十分准确了。更加重要的是，它为进一步探索太阳系行星运动的规律打开了道路。

以前，人们只是在探索天体怎样运动，这个问题已经比较清楚了。于是，"为什么"的问题就提到日程上来了。

行星为什么这样有规律地运动？17世纪英国科学家牛顿面临着这个问题。

牛顿观察了物体下落的现象：苹果从树上落下来而不飞走，抛到空中的石头又会落下来，水从高处向低处流。他从这些现象产生了一种观念：万物下落是地球有吸引力的缘故。他又把这种观念推广到太阳、行星等各种天体上。

古代早就有人意识到物体有趋向地心的倾向。如果牛顿仅仅停留在这种朴素的观念上，他就不能比古人有所前进。单纯的吸引观念并不能说明行星运动的规律。

牛顿没有就此止步。使他得以大步前进的是数学。牛顿发明了微积分学，他运用这一数学工具，从

牛 顿

开普勒三定律进行推算，得到一个重大的发现。他找到了引力和物体的质量、距离三者之间的数量关系：两个物体之间的引力同它们各自的质量成正比，同它们之间的距离平方成反比。按照这个关系，物体质量越大，引力就越强；离物体越远，受这个物体的引力就越弱。这就是著名的万有引力定律。

因为太阳比行星的质量大得多，太阳的引力最强，所以一切行星都以太阳为中心旋转，这就使哥白尼学说得到进一步说明。

按照万有引力定律，一个天体同另一个天体相吸引，它们的轨道只能有椭圆、抛物线、双曲线3种形状。行星正是按椭圆运行的，有些彗星的轨道是抛

物线或双曲线。用万有引力定律可以完满地说明开普勒三定律，还可以十分准确地推算行星的运动。

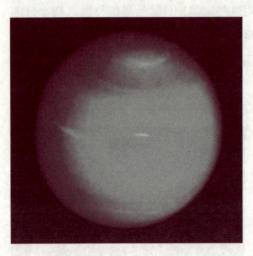

海王星

1842 年和 1846 年，英国天文学家亚当斯和法国天文学家勒维烈，先后根据天王星绕太阳运动的细微的不规则性，按照万有引力定律推算，认为在天王星之外还有一个行星。1846 年 9 月 23 日，柏林天文台接到勒维烈的信，当晚就在勒维烈所预言的位置上找到了一个新的行星——海王星。

直到现在，我们仍然运用万有引力定律来精确推算太阳系里各种天体的位置。万有引力定律使太阳系天体运动问题得到了相当圆满的解决。

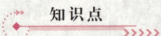

知识点

古希腊

　　古希腊是西方历史的开源，持续了约 650 年（前 800—前 146 年）。位于欧洲南部，地中海的东北部，包括今巴尔干半岛南部、小亚细亚半岛西岸和爱琴海中的许多小岛。公元前 5－6 世纪，特别是希波战争以后，经济生活高度繁荣，产生了光辉灿烂的希腊文化，对后世有深远的影响。古希腊人在哲学思想、历史、建筑、文学、戏剧、雕塑等诸多方面有很深的造诣。这一文明遗产在古希腊灭亡后，被古罗马人破坏性地延续下去，从而成为整个西方文明的精神源泉。

克罗狄斯·托勒密（Claudius Ptolemaeus.），"地心说"的集大成者，生于埃及，父母都是希腊人。公元 127 年，年轻的托勒密被送到亚历山大求学。在那里，他阅读了不少的书籍，并且学会了天文测量和大地测量。他曾长期住在亚历山大城，直到 151 年。

一生著述甚多。其中《天文学大成》（13 卷），是根据喜帕恰斯的研究成果写成的一部西方古典天文学百科全书，主要论述宇宙的地心体系，认为地球居于中心，日、月、行星和恒星围绕着它运行。此书在中世纪被尊为天文学的标准著作，直到 16 世纪中哥白尼的日心说发表，地心说才被推翻。另一部重要著作《地理学指南》（8 卷）是古希腊有关数理地理知识的总结，主要以马里努斯的工作为基础，参考亚历山大城图书馆的资料撰成。第 1 卷为一般理论概述，阐述了他的地理学体系，修正了马里努斯的制图方法。第 2 卷至第 7 卷列有欧、亚、非三大洲 8 100 处地点位置的一览表，并采用喜帕恰斯所建立的纬度和经度网，把圆周分为 360 份，给每个地点都注明经纬度坐标。第 8 卷由 27 幅世界地图和 26 幅局部区域图组成，以后曾多次刊印，称为《托勒密地图》。

托勒密认为地理学是对地球整个已知地区及与之有关的一切事物作线性描述，即绘制图形，并用地名和测量一览表代替地理描述。他在《地理学指南》中采用了波西东尼斯错误的地球周长数字，又在绘制陆地向东延伸中增加了误差。把有人居住的世界想象为一片连续不断的陆块，中间包围着一些海盆，并在地图上表明：印度洋的南面还存在一块未知的南方大陆（见古希腊罗马地理学）。直到 18 世纪英国探险家 J·库克的探险航行，才消除这个错误。他在《地理学指南》中还提出了两种新的地图投影：圆锥投影和球面投影。

全视角太阳系

同开普勒和牛顿在解决天体的运动学和动力学方面的重大成就相辉映的，是同一时期中天文观察工具方面的重大进步。1608年，德国光学家里伯西发明了望远镜。意大利天文学家伽利略第二年就把它指向天空，使天文观测进入了一个新的时代。

天文望远镜观测到行星表面的情形，测出了它们的大小，看到了行星周围还有一些小小的星球——卫星绕它们旋转。

观测和理论两方面的发展使人们对太阳系的面貌有了比较全面的了解。

太阳系的主体是太阳，它是一个质量十分巨大、发出强烈的光和热的天体。

太阳系

围绕太阳旋转的是一个行星体系。

靠近地球轨道的几个行星，水星、金星和火星，同地球比较相似，质量、大小、密度相差不多。不过水星没有大气，金星却覆盖着浓密的云层。这些星叫类地行星，也叫内行星。

木星和它以外的行星，体积和质量都很大，比地球大上百倍，表面是厚厚的云层。它们的密度都比较小。这些行星叫做类木行星，也叫外行星。

在行星的周围还有一些更小的卫星绕它们旋转。内行星的卫星比较少，地球只有一个卫星——月亮。外行星的卫星比较多，木星有 14 个卫星。特别有趣的是土星和天王星周围还环绕着美丽的光环。

除行星和卫星外，太阳系里还有许多小天体：小行星，彗星，流星。小行星一般只有几千米大。有的小行星汇集成群。火星和木星轨道之间就有一群小行星散布在绕太阳运行的一个圆环上。已经发现的小行星有 2 000 多个。彗星是由碎块和尘埃、气体构成的，靠近太阳的时候，尘埃和气体被太阳光的压力驱动散布成长长的尾巴。流星是散布在太阳系里的石块或铁块，当它们

陨　铁

靠近地球的时候，被吸引而掉进地球，和大气摩擦发热而燃烧，没有烧完的物质落到地上就成为陨石。

太阳系内，还有很多体积介于行星和小行星之间的星体，叫矮行星或称"侏儒行星"。冥王星现在就已经被归为矮行星。矮行星的体积介于行星和小行星之间，围绕太阳运转，质量足以克服固体应力以达到流体静力平衡（近于圆球）形状，没有能力清空其所在轨道上的其他天体，同时又不是卫星。矮行星是一个新的分类。定义的标准尚不明确。矮行星质量和大小的上下限还没有规范，因此，即使一个比水星还大的天体，若未能将邻近轨道的小天体清除掉，也许仍然会被归类为矮行星。下限则是以能否达到流体静力平衡的形状概念来规范，但是对这类物体的大小和形状尚未定义完成。

行星和小天体的质量总和不到太阳质量的 1/700。除太阳以外，行星和小天体全都不发光，只是因为反射太阳光才发亮。

随着观测能力的增强，对于太阳系天体的了解越来越细了，知道了每个行星都有它自己独特的条件和运动方式。对行星"个性"的了解还在继续深入

下去。

但是，太阳系天体又有许多明显的"共性"，这些共性对于我们认识太阳系的历史有特别重要的意义。

所有行星的轨道基本上都在一个共同的平面上，这叫轨道共面性。

所有行星的轨道椭圆偏心率都不大（就是两个焦点离椭圆中心不远），很接近于正圆形，这叫轨道近圆性。

行星的自转、公转的方向一般说都是一致的，自转和公转轴大致平行，只有天王星的轴"躺"在轨道面上，金星自转和公转反向这样两个例外。这叫自转、公转同向性。

类地行星和类木行星在大小、质量、密度上分别有共同性。

提丢斯

此外，1766 年，德国的提丢斯还发现行星到太阳距离的规律性。他发现行星的距离按顺序排列接近一个等比数列。这一个规律为德国天文学家波得所肯定，称为提丢斯—波得定则。按照这一定则，火星和木星之间应该补上一个行星。人们努力寻找，结果没找到行星，却发现了这里有一个小行星带。

行星的卫星系也有类似的特性。

行星和卫星为什么有这样鲜明的共同规律性？牛顿的万有引力定律使人们前进了一步，但是问题并没有完全解决。按照万有引力定律，天体运行轨道的形状仅仅由它的初速度决定。初速度又由什么决定，牛顿不能回答，只好把它归之于"上帝的第一次推动"。

牛顿用上帝阻塞了自己前进的道路，但是科学仍然要前进。对于太阳系天体共性的认识本身就孕育着新的突破。观测事实俱在，理论的概括就是不可避免的了。人们必定要探索太阳系总体演变的规律性。研究太阳系起源和演化的条件已经成熟了。

知识点

天文望远镜

天文望远镜是观测天体的重要手段，可以毫不夸大地说，没有望远镜的诞生和发展，就没有现代天文学。随着望远镜在各方面性能的改进和提高，天文学也正经历着巨大的飞跃，迅速推进着人类对宇宙的认识。

延伸阅读

伽利略（Galileo Galilei，1564—1642 年）是近代实验物理学的开拓者，被誉为"近代科学之父"。他是为维护真理而进行不屈不挠斗争的战士。

1564 年 2 月 15 日生于比萨，他反对教会的陈规旧俗，由此，他晚年受到教会迫害，并被终身监禁。他以系统的实验和观察推翻了亚里士多德诸多观点。因此，他被称为"近代科学之父""现代观测天文学之父"、"现代物理学之父"、"科学之父"及"现代科学之父"。他的工作，为牛顿的理论体系的建立奠定了基础。

1590 年，伽利略在比萨斜塔上做了"两个球同时落地"的著名实验，从此推翻了亚里士多德"物体下落速度和重量成比例"的学说，纠正了这个持续了 1 900 年之久的错误结论。但是伽利略在比萨斜塔做实验的说法后来被严谨的考证否定了。尽管如此，来自世界各地的人们都要前往参观，他们把这座古塔看做伽利略的纪念碑。

1609 年，伽利略创制了天文望远镜（后被称为伽利略望远镜），并用来观测天体。他发现了月球表面的凹凸不平，并亲手绘制了第一幅月面图。1610 年 1 月 7 日，伽利略发现了木星的 4 颗卫星，为哥白尼学说找到了确凿的证据，标志着哥白尼学说开始走向胜利。借助于望远镜，伽利略还先后发现了土

JIEDU WOMEN SHENGGUN DE TIANTI TAIYANGXI

星光环、太阳黑子、太阳的自转、金星和水星的盈亏现象、月球的周日和周月天平动，以及银河是由无数恒星组成等等。这些发现开辟了天文学的新时代。

伽利略著有《星际使者》《关于太阳黑子的书信》《关于托勒密和哥白尼两大世界体系的对话》《关于两门新科学的谈话和数学证明》和《试验者》。

为了纪念伽利略的功绩，人们把木卫一、木卫二、木卫三和木卫四命名为伽利略卫星。伽利略为牛顿的牛顿运动定律第一、第二定律提供了启示。他非常重视数学在应用科学方法上的重要性，特别是实物与几何图形符合程度到多大的问题。他还推翻了亚里士多德的一些结论。他善于提问，不问个水落石出不罢休。许多高年级同学也经常因为被他问倒而难堪。

认知太阳系

人类关于天体演化的认识是科学史上一定阶段的产物。人类最先认识的是太阳系，关于天体演化的认识也自然是从认识太阳系的演化开始的。

关于太阳系的起源和演化等问题，科学家们的争论由来已久，形成了不同的理论或假说。各个理论、假说都相应地提出了自己的观点和依据，随着对太阳系研究和考察的一步步深入和扩展，其中有的理论或假说被剔除出去，有的理论或假说得到了更多证据的支持，如今，"星云说"是呼声最高的太阳系起源形成演化的理论，得到了许多人的支持，但由于太阳系的起源演化问题十分复杂，因此，还有许多问题没有得到很好的解释。

太阳系的由来

星云说

18世纪，提出太阳系演化观念的条件已经具备了。

太阳系结构和行星运动的共同规律性使人意识到，它们可能有共同的起源；星云的存在说明天体的形式是多种多样的，使人有可能把星体的起源追溯到不同形式的天体；而引力定律又初步解决了物质转化的动力问题。

正是在这种条件下，1755年，德国哲学家康德提出了太阳系起源的星

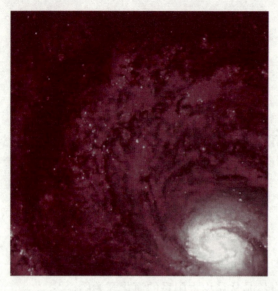

星云说

云说。

康德认为，太阳系是由一团星云演变出来的。星云物质是一些基本微粒，由于引力的作用，密度大的微粒吸引密度小的，成为一些团块；团块周围的微粒又陆续被吸引到团块上。团块逐渐增大，最后，最大的团块形成了太阳，其他的团块形成了行星。

康德还认为，微粒被吸引向中心团块的时候，有一种斥力使下落运动发生偏转，变成了绕团块的旋转运动，这样中心团块就变成一个巨大的旋涡。在旋涡里，微粒在互相冲撞的运动中自然达到平衡，这样就造成了行星彼此同向平行的运动。而在形成行星的团块绕太阳运转的时候，跟在它后面的微粒受它吸引而加速，从团块的外侧落到它的上面，这样就产生一种推动力，使它自转，并且使行星的自转和公转的方向一致。同样的原因使卫星也按同一方向旋转。

1796年，拉普拉斯在他的《宇宙体系论》一书中，再次独立地提出了关于太阳系起源的星云学说。

拉普拉斯认为，太阳系是由炽热气体组成的星云形成的。气体由于冷却而收缩，因此自转加快，离心力（指惯性离心力）也随之增大，于是星云就变得十分扁平了。在星云外缘，离心力超过引力的时候便分离出一个圆环。这样反复分离成许多环。圆环由于物质分布不均匀而进一步收缩，成为行

康　德

星。中心部分就形成太阳。

按照拉普拉斯学说，整个星云以相同的角速度旋转，所以各个圆环以至后来形成的行星都按相同的方向公转。环的外侧比内侧速度快，内外速度差使行星自转，因而自转和公转方向相同。同样，卫星也按这个方向旋转。

康德和拉普拉斯的假说，都认为太阳系是由星云物质转化而成的，大体相同，但是也有区别。

康德和拉普拉斯各自独立提出的假说，不约而同地主张太阳系是由星云形成的，基本观念完全相同，因此，人们把他们的假说并称为康德—拉普拉斯星云说。

拉普拉斯

康德—拉普拉斯的星云说虽然只是初步勾画了太阳系起源的轮廓，其中有些内容不合理，但是它的历史功绩却十分重大。

从哥白尼以来，天文学有了很大的进步，但是对于天体的研究还只限于它们的机械运动。星云说第一次提出了不同形式的天体——星体和星云之间的转化，这就揭开了研究天体质变的序幕。

各种学说的争鸣

康德—拉普拉斯的星云说在观念上是一个重大的进步，同时，在解释太阳系运动的观测事实方面也有很大的成功。但是科学发展的道路总是崎岖不平的。星云说出现以后，遇到了许多观测事实并不能用星云说来说明。而首当其冲的就是所谓角动量困难。

星云说认为，由于收缩，原始太阳系星云自转加快，这是符合角动量守恒定律的，因为收缩以后物体各部分到旋转中心的距离缩短，因此角速度加快。就像一个花样滑冰的运动员在旋转的时候突然把张开的双臂收拢，转速便加快了。自转速度加快，惯性离心力增大。结果星云在离心力作用下变成为一个扁平盘状物。可是，按照这种看法，中心的太阳的转速应该很快才行。然而实际上现在太阳的转速并不快，太阳大约每27天自转一周。

为什么太阳系形成的时候太阳转动很快，而现在转慢了呢？这不是违背了角动量守恒定律吗？相反，行星的质量很小，所有行星的质量不到太阳质量的1/700，可是它的角动量却相当于太阳角动量的1.7倍。行星这么大的角动量是哪里来的呢？行星从太阳中分出的过程中，角动量应该不变，那么按现在角动量倒推它们在同太阳分离以前的角速度应该很大，这同现今太阳自转很慢是矛盾的。

这就是所谓角动量困难。它是星云说前进中一个很大的障碍。

康德—拉普拉斯星云说提出以后，太阳系起源和演化问题吸引了许许多多科学家，各种学说如雨后春笋，相继出现。200多年来，有影响的学说就有40来种。在这些学说中，有的有共同之处，又在某些方面有所区别，各有各的特色。

太阳系起源和演化问题包括两个方面的内容。一是太阳系物质来源问题；二是怎样由这些物质形成行星。

把各种学说归纳起来，按照它关于物质来源的看法，可以归纳做4大类：

一是星云说，认为太阳和行星都是同一星云物质形成的，这是康德—拉普拉斯学说的发展；

二是俘获说，认为太阳先形成，行星是太阳在星际空间俘获的星云形成的；

三是灾变说，认为曾经有一个恒星走近太阳，它的起潮力使太阳上一部分物质分离出来形成了行星；

四是双星说，认为太阳系原来是一对双星，因为两个星的质量不同，演化的进程也就有所差异，主星演化成太阳，另一个星形成了行星。

这4类学说也各有相同之处。星云说和俘获说都主张行星是由星云物质形成的，灾变说和双星说却主张行星是由星体物质形成的。星云说和灾变说又都认为太阳和行星有共同的起源，是一起产生的，俘获说和双星说却都认为行星和太阳起源于不同的天体。

灾变说

灾变说有两种：一种主张另一个恒星靠近太阳的时候从太阳中拉出物质形成行星；另一种认为行星是由太阳爆发或抛射出来的物质形成的。

最早的灾变说的观念是法国博物学家布丰在1745年提出的，他认为曾经有一颗大彗星靠近太阳，从太阳上撞出的物质形成了行星。实际上，彗星的质量比太阳小多少亿倍，根本不可能撞出那么多的物质来形成行星。

1878年，毕克顿把这种学说修改了一下，认为是另一个恒星碰到太阳而撞出

布 丰

物质。以后，美国数学家张伯伦、英国天文学家秦斯等人又分别于1900年和1916年提出了类似的学说，认为是另一个恒星接近太阳的时候万有引力把一部分物质吸出而形成行星。

一个天体同太阳相吸引，根据万有引力定律，引力同它们距离平方成反比。太阳上面向恒星的部分比太阳中心距离近，因而受到的引力要大一些。一般来说，太阳靠近另一个恒星的时候要变成椭球形，这同太阳月亮对于地表面水的吸引而产生潮汐是一样的道理。恒星极其靠近太阳的时候，太阳会变成长条形，最后长条中一部分物质可能分离出去。这就是张伯伦等人的学说的依据。

灾变说似乎在角动量问题上有很方便的出路。因为恒星的吸引使太阳上分出的物质快速运动，所以这些物质形成的行星运动快，具有比较大的角动量。于是，在星云说碰到角动量困难的情况下，有一些学者对它抱有希望而进行尝试。在20世纪初到第二次世界大战期间，灾变说十分流行。

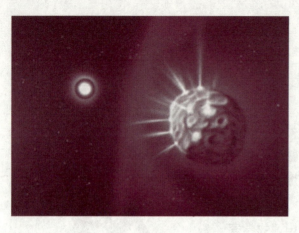

灾变说

但是，实际上它所遇到的困难并不比星云说少。首先是它完全强调偶然的因素。按照恒星的空间分布计算，另一个恒星接近太阳的机会要 30 000 000 亿年才会有一次，而银河系的年龄却只有 100 亿年，这种可能性实在太小了。太阳同另一个恒星相遇的机会就像太平洋中的一条小鱼同大西洋中的一条小鱼相遇的机会一样。

至于角动量问题，它的说明也似是而非。恒星只有极其靠近太阳才能拉出物质来，但是这样拉出来的物质的角动量又很小，所以实际上并不能真正解决角动量问题。

况且，从太阳中分出的物质温度极高，将会很快逃散，并不能形成行星。

俘获说

星云说和灾变说各有困难，于是俘获说提了出来，企图结合它们的优点而克服它们的困难。

1944 年，苏联天文学家施米特提出的俘获说认为，太阳先已形成，然后走进一个巨大的星际云，并且把它俘获；被俘的星际云形成星云盘，然后再形成行星。

1942 年，瑞典天文学家阿尔文根据他对等离子体的研究，提出另一种俘获说。阿尔文认为，在太阳附近存在许多电离的弥漫物质，被太阳磁场维持在远处，这些物质后来冷却变成中性，磁力消失，在太阳引力作用下向太阳下落而被太阳俘获。下落的时候速度增加，于是碰撞增多，再度电离，而在太阳周围形成几团云，从这些云中产生行星。

银河系中星际物质或星际云比较多，太阳遇到星际云的机会就不像碰到另一个恒星那样罕见，俘获比灾变的可能性要大。而俘获说又像灾变说一样，解决角动量问题似乎比较容易。按施米特学说，被俘物质对于太阳有相对运动，本身就带有很大的角动量；而阿尔文学说认为太阳的磁力线将迫使带电物质跟它以同一角速度自转，这就使形成行星的物质云有很大的角动量。

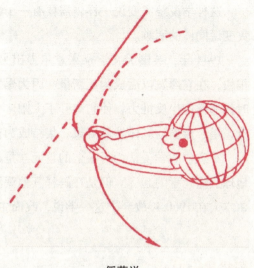

俘获说

但是，施米特学说认为太阳原来并不自转，是部分俘获物质落入太阳才使太阳转动起来的。这样把星体的自转归之于俘获物的推动，这是很成问题的。实际上恒星都在自转。

而且，俘获说仍然面临着俘获概率问题，因为要俘获质量足够大的星云的可能性是很小的。此外，阿尔文学说在解释天文观测事实方面往往不够有力。

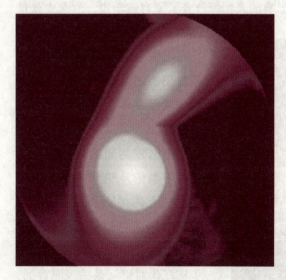

双星说

双星说

双星说在某种程度上说是灾变说的变种。1935 年美国天文学家罗素提出的双星说和 1936 年英国天文学家里特顿提出的双星说都认为太阳系原来是一对双星，太阳是双星中的一个子星，另一个子星由于第三个恒星的接近或碰撞而被拉走，留下的一个长条形成行星。

这种学说跟灾变说一样，需要有一个恒星靠近或碰撞，于是也就面临着和灾变说同样的困难。

1944年，英国天文学家霍意尔提出另一种双星说，认为太阳的伴星演化很快，在它爆发以后成为超新星。因为爆发的时候抛射物质，就像火箭发射的时候那样产生反推力，使它离开了太阳。一部分抛出物质被太阳俘获形成星云盘，星云盘里的气体然后凝聚、集结成为行星。

霍意尔的学说认为行星上的重元素是超新星爆发的时候合成的，可以说明地球上重元素的起源。但是在解释其他观测事实的时候有不少困难，因此霍意尔本人在1960年放弃了这一学说，改而主张星云说。

现代星云说

现代天体物理学和物理学的发展，特别是恒星演化理论的建立，有力地支持了星云说。电磁作用的研究使角动量问题不再是原则上的困难。而星云说又能够解释众多的观测现象，这就使得星云说有了新的发展。现代星云说同其他学说相比，具有很大的优越性。因此现代星云说成为当代太阳系演化学说的主流。里特顿和霍意尔这样一些有影响的人物都放弃了原有的学说，改而主张星云说。

旋臂

现代星云说的具体内容，各家各派仍有不少差别，但是在太阳系形成的基本过程上，大体上是一致的。

按照比较共同的观点，认为形成太阳系的是银河系里的一团密度比较大的星际云，它的质量比现在太阳系总质量要大，温度很低，大约零下二百多摄氏度。

从现代对银河系的观测看到，银河系里存在一些旋臂，在旋臂中物质特别稠密。在以后形成太阳的那个星云绕银河中心旋转通过旋臂的时候，星云被压缩，它的密度增加。星云达到一定的密度以后，就在自身引力作用下逐渐收缩。密度继续增加，体积越来越小。

由于收缩，引力势能转化为热能，星云的温度增高。中心部分密度增加最快，温度也最高，因而在中心部分聚集了星云总质量的大部分，形成了一个红外星。这可以叫原太阳。

原太阳由于收缩，体积缩小，因而自转加快。在惯性离心力和磁力作用下，逐渐在赤道面上形成一个盘形结构。

原太阳在温度增高到一定程度的时候，就开始发生核反应，由引力收缩阶段转入核反应阶段，标志着太阳已经完全形成。扁盘上的物质又逐步演化成为行星和其他小天体。

在原太阳和周围的星云盘形成以后，星云盘里的物质怎样进一步形成为行星呢？在这个问题上，又有各种不同的看法。现代星云说的各种流派之间的主要差异，正是表现在行星形成问题方面。

原来拉普拉斯的看法是：星云盘被赤道上的惯性离心力间歇地甩出去一部分，形成了一个个同心的环带，然后环带聚合成为行星。虽然间歇甩出的观点是有问题的，然而他所提出的先形成环体、再由环形成行星的观点，仍然被一些现代星云说所采纳，不过从不同的角度来论证环体的形成以及由环形成行星的过程。

星云盘

1977 年，关于行星形成过程又有了一种新的假说。这个假说是完全从原始太阳系扁平星云盘所遵守的流体学定律和万有引力定律推导出来的。由星云盘的流体力学方程和引力场方程的解得到，星云盘里，太阳被一系列圆环所围绕，还有一条旋涡形的旋臂和这些环相交。旋臂具有"引力势井"的性质，

JIEDU WOMEN SHENGGUN DE TIANTI TAIYANGXI

也就是说，旋臂上由于物质稠密，引力大，靠近它的物质就要被它吸引进去，就像地面上有一口井，物体经过的时候就要落到井里去一样。这种臂的运动具有波动性质，它像波一样绕中心传播。当这种旋涡波传播的时候，环上的物质便不断地落入引力势井中，这样就逐渐把圆环里的物质汇集到一起，形成一个行星。

这种假说可以说明其他假说难以说明的许多事实。

比如，由方程解出的环带距离分布，正好符合提丢斯—波得定则，由环形成的行星自然也应该满足这一定则。

又比如，推导出只有一条最强的旋臂，每环同它只有一个交点，所以一个轨道上只能形成一个行星。

因为星云盘里物质旋转角速度是内快外慢，而整个旋臂却以同一角速度旋转，所以势井和物质角速度不同，彼此有相对运动。势井经过环中不同地方，就把各处物质吸引进来，越聚越多。但是显然在离太阳某一个距离上，星云盘物质旋转速度和旋臂速度相等，它们之间没有相对运动，正如鱼网同鱼群速度相同的情形。这时候势井不能把不同地方的物质汇集起来成为大行星，只能形成一些小行星，这就能说明火星和木星之间为什么缺少一个大行星而代之以一群小行星。

当然，这个假说也还不完备，需要有进一步的发展。

新的发展

自从康德—拉普拉斯提出星云说以后，数百年来，关于太阳系起源和演化的理论如雨后春笋，几十种学说相继提出，这一场争鸣到现在也还没有结束。

回顾这一段历史，我们可以看出，这场论战并不是一场阵线不清的混战，也不是无休止的纠缠。学说虽多，但是在重大问题上只有几种主要流派。随着时间的推移，论战的结果使问题本身得到发展，认识更加深化。

康德—拉普拉斯的星云说是有很大功绩的，但是它是初步的、简单的，很快它就碰到了角动量困难。为了寻找角动量的出路，灾变说便兴盛起来。随着对银河系结构和恒星情况的了解增加，以及动力学上分析和计算工作的进展，灾变说又不得不遇到更多的困难。于是俘获说便抛弃灾变说而又吸收星云说的成分，代灾变说而产生。但是俘获说仍然没有摆脱偶然性因素，也就不得不面临同样的问题。在现代天体物理学发展起来以后，特别是由于恒星演化理论的建立以及解决角动量困难的可能性的出现，星云说又占了主导地位。

人们重新回到了星云说，但是这不是简单的回复，而是在更高水平上的发展。它扬弃了康德—拉普拉斯学说中不合理的成分，吸收了它的正确的东西，而且进行了论证。现代星云说不仅考虑了动力学原理，而且包括了天体中热力学、电磁学、化学等多方面的作用，按照物理定律进行了细致的定性的推导以至定量的计算。它已经不再只是几条简单的设想，而是建筑在现代科学基础上的一个假说。不过，它并不是完备的，争论依然存在，它将在争论中发展。

太阳系起源和演化问题已经研究了数百年，人类在这条道路上的步伐似乎比别的方面艰难得多。可能，这是因为只有一个太阳系可供研究，而人们以前又一直停留在太阳系的一员——地球上来考察它的缘故。现在，空间天文学正在飞跃发展，其他恒星的行星系也在逐渐显露出来。毫无疑问，这会大大加速太阳系演化研究的进程。

知识点

康　德

伊曼努尔·康德（Immanuel Kant，1724 年 4 月 22 日—1804 年 2 月 12 日）德国哲学家、天文学家，星云说的创立者之一，德国古典哲学的创始人，唯心主义不可知论者，德国古典美学的奠定者。

康德 1740 年入哥尼斯贝格大学。从 1746 年起任家庭教师 9 年。1755 年完成大学学业，取得编外讲师资格，任讲师 15 年。在此期间康德作为教师和著作家，声望日隆。除讲授物理学和数学外，还讲授逻辑学、形而上学、道德哲学、火器和筑城学、自然地理等。18 世纪 60 年代，这一时期的主要著作有:《关于自然神学和道德的原则的明确性研究》(1764)、《把负数概念引进于哲学中的尝试》(1763)、《上帝存在的论证的唯一可能的根源》(1763)。所著《视灵者的幻梦》(1766)检验了有关精神世界的全部观点。1770年被任命为逻辑和形而上学教授。同年发表《论感觉界和理智界的形式和原则》。从1781年开始,9年内出版了一系列涉及广阔领域的有独创性的伟大著作,短期内带来了一场哲学思想上的革命。如《纯粹理性批判》(1781)、《实践理性批判》(1788)、《判断力批判》(1790)。1793年《纯然理性界限内的宗教》出版后被指控为滥用哲学,歪曲并蔑视基督教的基本教义;于是政府要求康德不得在讲课和著述中再谈论宗教问题。但1797年国王死后,他又在最后一篇重要论文《学院之争》(1798)中重新论及这一问题。《从自然科学最高原理到物理学的过渡》本来可能成为康德哲学的重要补充,但此书未能完成。1804年2月12日病逝。

延伸阅读

　　星云是由星际空间的气体和尘埃结合成的云雾状天体。星云里的物质密度是很低的,若拿地球上的标准来衡量的话,有些地方是真空的。可是星云的体积十分庞大,常常方圆达几十光年。所以,一般星云较太阳要重的多。

　　星云的形状是多姿多态的。星云和恒星有着"血缘"关系。恒星抛出的气体将成为星云的部分,星云物质在引力作用下收缩成为恒星。在一定条件下,星云和恒星是能够互相转化的。

　　最初所有在宇宙中的云雾状天体都被称作星云。后来随着天文望远镜的发展,人们的观测水准不断提高,才把原来的星云划分为星团、星系和星云3种类型。

　　1758年8月28日晚,一位名叫梅西耶的法国天文学爱好者在巡天搜索彗星的观测中,突然发现一个在恒星间没有位置变化的云雾状斑块。梅西耶根据经验判断,这块斑形态类似彗星,但它在恒星之间没有位置变化,显然不是彗星。这是什么天体呢?在没有揭开答案之前,梅西耶将这类发现(截止到

1784 年，共有 103 个）详细地记录下来。其中第一次发现的金牛座中云雾状斑块被列为第一号，既 M1，"M" 是梅西耶名字的缩写字母。

梅西耶建立的星云天体序列，至今仍然在被使用。他的不明天体记录（梅西叶星表）发表于 1781 年，引起英国著名天文学家威廉·赫歇尔的高度注意。在经过长期的观察核实后，赫歇尔将这些云雾状的天体命名为星云。

由于早期望远镜分辨率不够高，河外星系及一些星团看起来呈云雾状，因此把它们也称之为星云。哈勃测得仙女座大星云距离后，证实某些星云其实是和我们银河系相似的恒星系统。由于历史习惯，某河外星系有时仍被称之为星云，例如大小麦哲伦星云、仙女座大星云等。

太阳系的位置

太阳系在宇宙中的位置

哥白尼的日心说认为太阳是宇宙的中心，太阳静止不动，这个观点被现代天文学的发展否定了。在宇宙中太阳是极其普通而平凡的天体，是沧海中的一粟。它只能控制太阳系中成员的运动，没有任何力量控制整个宇宙。太阳系在宇宙中的地位，充其量只能算太平洋中的一个小岛。

浩瀚的宇宙中布满了像太阳一样的恒星，朗朗众星组成一个个庞大的星星系统，这就是星系。我们经常听到的有银河系和河外星系。

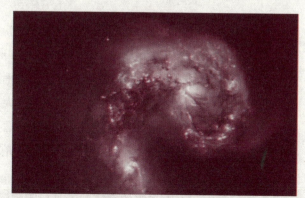

河外星系

秋天夜晚，我们抬头望天，总会在缀满星星的天空见到白茫茫一片，好像奔腾不息的江河从南到北流淌。人们叫它天河，天文学上称为银河。古人传说，天河是天上的长河，沿黄河溯流而上是可以到达的。这是不能相信的。银河不是河流。伽利略首先揭开了它的秘密：茫茫的银河在伽利略望远镜里显露出一群密集的繁星，星的数目比肉眼所见到的要多得多。

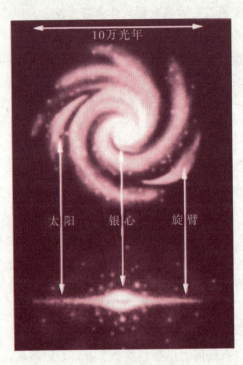

10万光年

太阳　银心　旋臂

银河系

银河的形状像包围在棉絮团里的两个合在一起的"铜钹"，也有人把它比喻成一个织布的梭子，或者像铁饼。总之是边缘较薄，越到中心越厚。这扁圆的"钹"叫银盘，"钹"中凸起的部分叫银核，也叫银心，周围的"棉絮团"叫银晕。银盘的直径约10万光年，厚1万光年。就是说，从银河系直径一端走到另一端，每天以走50千米计算，至少要走50万亿年；假使乘每小时飞1 000千米的飞机，也要飞1 000亿年。世界上走得最快的是光和电，它们每秒钟走30万千米。即使是光和电，从银河直径一端走到另一端，也要10万年，从银盘穿过一次要1万年。

不同银河系相比，太阳系还算是个庞然大物。太阳系半径大约是39.5个天文距离单位。一个天文距离单位约等于1.5亿千米，由此不难算出，太阳系半径约为59亿千米。假如太阳系是个圆盘，里面装满地球的话，这个盘子可盛9000亿个地球。但是，同银河系比较一下，太阳系真小得可怜。假如我们把太阳系和银河系各自缩小为原来的一万亿分之一，那么，太阳只有芝麻粒大，太阳系的直径是12米，而银河系的直径竟是100万千米！缩小后的银河系直径还能绕地球赤道25圈。

在银河系中，太阳和它的家族并不是位于银河系的中心，而是位于距银河中心3.3万光年、到银道面距离2.6光年的地方。

银河系是旋涡星系，有两条或更多条旋臂。在研究银河系旋臂时，光学方法受到很大限制。关于银河系旋臂的知识主要来源于射电观测。在太阳附近，射电观测探测到 3 段旋臂，即英仙臂、猎户臂和人马臂。太阳靠近猎户臂的内侧。20 世纪 70 年代，人们通过探测银河系一氧化碳分子的分布，又发现了第 4 条旋臂，它跨越狐狸座和天鹅座。它

旋涡星系

是一条离银心 14 千秒差距的旋臂，正以约 50 千米/秒的速度向外膨胀。已得知，旋臂是气体、尘埃和年轻恒星集中的地方。但旋臂的起源和演化问题尚未解决。

在我们的银河系内，有着 4 条长长的"手臂"，它们是各种星体诞生与成长的摇篮。想要了解银河的全貌，我们就必须"抓住"这些"手臂"，因为它们能画出一张精确的银河结构图。

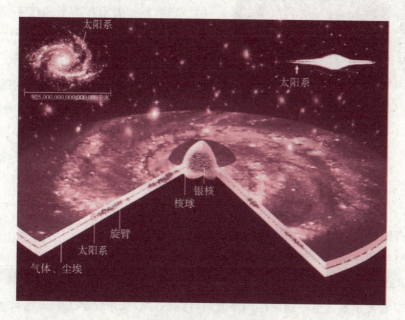

太阳系在银河系的位置

太阳系的运动

　　在中国科学院紫金山天文台的会议室里，陈列着4尊我国古代天文学家的塑像，其中一位是唐代的一行。一行是个和尚，又是一名出色的古代天文学家。一行的第一个贡献就是再次测定了恒星的位置。一行把自己测量的恒星位置和汉代的测量相对照，发现有了较大的变化。这是古人从来没有想过的。很可惜，当时他没有对这种变化的原因作出解释，以致让一项重要发现推迟了1 000多年。

　　18世纪，发现哈雷彗星的爱德蒙·哈雷完成了这项发现。哈雷是英国著名的天文学家，1718年，他注意到天狼星、毕宿五、大角和参宿四这4颗星的位置同古星表上的位置在黄纬上大不相同。他考虑了各种误差的影响后，很有把握地指出，不仅这4颗星，别的恒星也可能是这样的。哈雷这一精辟的见解引起很大的反响，有的表示赞同，有的举手反对。经过以后的观测，证实了恒星本身的确在运动。

一　行

　　恒星在空间的运动朝各个方向都有，有的朝东，有的朝西，有的接近太阳，有的远离太阳。

　　恒星都在运动，太阳有没有运动呢？太阳系有没有运动呢？都有。太阳有3种运动，一是自转，像地球那样，围绕自转轴转动，大约27天自转一圈。二是带着太阳系成员一道向武仙座方向奔跑，像校长带领学生们去风景区春游似的。这种"奔跑"的速度是每秒20千米。太阳以这样快的速度在银河系内奔驰，会同其他恒星相碰吗？不用担心！银河系里有广阔的空间，这种碰撞的机会极其微小！三是和银河系里其他恒星一道，围绕着银河中心转。天文工作者测定，太阳和它家族相对于银河中心的转动速度是每秒250千米，转一圈大约2.5亿年。目前，太阳正带着它的家族向天鹅座方向前进。

在这里又是说太阳带着太阳系成员向武仙座方向奔跑，又是说太阳带着它的家族向天鹅座方向前进，这是怎么回事呢？原来，太阳和它的家族好比整个蜂群中的一只蜜蜂。"蜂群"在围绕银河中心旋转，这种集体行动使得太阳和它的家族向天鹅座方向前进。同时，"蜂群"里的每一只"蜜蜂"又可自由飞翔。太阳和它家族向武仙座方向奔跑，就是"蜂群"里每一只"蜜蜂"在"蜂群"里的自由飞翔。

爱德蒙·哈雷

银河系中的太阳兄弟

在地球上，肉眼所能看到的"繁星"并不多，全天只有6 000多颗，况且还有一半在地平线以下，在某一个时间里在天空中能看到的星最多只有3 000多颗。不过用望远镜观察，那真是繁星满天了。据推算，在银河系中，大约就有1 500亿~2 000亿颗星。这些星都是太阳的遥远的兄弟，都是能发热发光的恒星。

在银河系中，太阳是一颗普普通通的恒星，它的大小、亮度、表面温度和结实程度，在恒星中间都没有特殊的地方。在我们看来，太阳比星星亮得多，大得多。这是太阳比所有其他恒星离我们都近的缘故。在宇宙中，比太

参宿四

阳大的星很多，参宿四半径约为太阳半径的 800 倍，体积和 5 亿个太阳差不多。参宿四还不是最大的恒星，它出现在天空时，看起来还是一颗很普通的亮星。仙王座 W 星的体积是太阳的几十亿倍，但是由于距离太远，肉眼却看不清楚。这颗星体积虽然很大，密度却很低。它的质量并不比太阳大多少，充其量只有太阳的 10 倍。1 立方米的东西还不到亿分之一克，比空气还要稀薄。

恒星世界中的"矮子"是白矮星和中子星。白矮星的体积比地球还要小，中子星更小，直径只有 20 千米左右。白矮星体积虽小，但它很结实，每立方厘米重到几十吨甚至上百吨。如果在白矮星上取火柴盒大小一块东西拿到地球上用船装，需要巨大的轮船才能装运。中子星比白矮星还要小，但它里面含的东西大体上和太阳差不多。因此，中子星的温度极高、密度也极大。中子星的密度大到每立方厘米 5 000 万吨至 1 亿吨，比白矮星还要高出几百万倍。假如在中子星上取手指头大一块东西，拿到地球上足足有上亿吨！

白矮星

太阳系中，只有太阳一个核心，但是在其他恒星世界中，也有许多由恒星互相结合而成的双星系统，它们彼此靠近，形影不离，互相吸引，互相绕着转圈子，甚至还互相抛射东西，你把身上的东西抛给我，我把身上的东西抛给你。这种有物理上联系的两颗星才是双星。在望远镜中，有时会看到两颗恒星彼此靠得很近，天文学家开始时把它们当作双星。奇怪的是，怎么也找不到它们互相绕着转的痕迹。原来，它们只是大体上在同一方向，实际上是一前一后，彼此相距很远的，根本没有物理上的联系。这类双星称为光学双星，以区别前面说的物理双星。

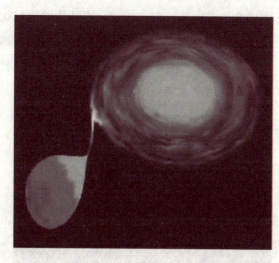

光学双星

太阳的兄弟们，除了成双成对的外，还有三个成群、五个结"伙"的。3 颗星靠在一起，互相吸引，互相绕着转的叫三合星。4 颗星以上直到一二十颗星聚集在一起的叫做聚星。还有更多的星聚集在一起的，叫做星团。例如在北风凛冽的初冬，天黑后不久在东方天空有一个"七姐妹"星，视力好的人可以看到 7 颗星，视力差的人可以看到 6 颗星，用望远镜看可以看到几百颗星聚集在一起。"七姐妹"被称为昴星团。昴星团是一个最著名的星团，它离地球约 400 光年，在它里面大约有 300 颗星聚集在 13 光年的空间区域里。在昴星团附近，还有一个毕星团。像昴星团和毕星团那样，许多恒星疏疏散散结合在一起、形状很不规则的星团，天文学上称为疏散星团。到目前为止，在银河系里已发现 1 000 个疏散星团。

七姐妹星

另外一种星团叫球状星团。球状星团是恒星密集的星团，几百甚至几百万颗星星密密麻麻地集中在一起，构成一个球状或扁球状的恒星集团。目前已发现100多个球状星团，它们中最明亮的是半人马座α球状星团，位于半人马座内，我国南方能见到。还有一个武仙座球状星团，形状很美丽，像节日里在空中散开的焰火，我国北方能见到。

弥漫星云

在银河系里，除了恒星和星团以外，也有稀稀拉拉的云雾状的东西，用望远镜看，它们呈雾状斑点，有的明亮，有的晦暗。天文学家对它们一一照了相，由于都是些无规则的形态，使它们获得了弥漫星云的称号。你看这些照片，猎户座马头星云很像回头长嘴的马头，麒麟座玫瑰星云很像一朵绽开的玫瑰，天鹅座网状星云很像一张五彩缤纷的云网。这些星云是由气体和尘埃组成的，它们有的在慢慢收缩形成恒星，有的是恒星到了老年，支撑不住了，发生爆炸，把它外面的东西抛了出去，只留下一个非常密集的星核。

河外星系

银河系虽然纷繁复杂，但它不是整个宇宙。在整个宇宙中，银河系只是一个小小的岛屿。

1518－1520年，葡萄牙人麦哲伦率领船队作环球旅行，在到达南美洲南端的一个海峡时，船上的人发现天顶附近有两个大星云。回到欧洲后，麦哲伦公布了这个发现，因此取名为大麦哲伦星云和小麦哲伦星云，简称大麦云和小麦云。这两个星云位于银河系之外，和银河系里的星云大不相同。银河系内的星云是气体和尘埃组成的，而这里所说的星云是许许多多恒星组成的。因为看起来都是模模糊糊的一片，所以都叫它们星云。像大、小麦哲伦云这样的星云，是和银河系一样的宇宙岛，称为河外星系。

大、小麦哲伦云是银河系的近邻，大麦云在剑鱼座，小麦云在杜鹃座，南半球的人很熟悉它们。它们离我们大约16万~18万光年。大麦云直径约3万光年，小麦云约2.5万光年。

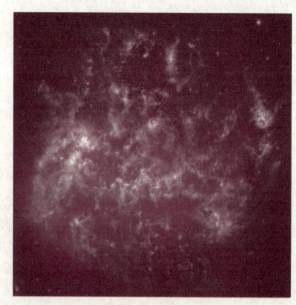

大麦哲伦星云

在北半球，用望远镜可以看到的著名星云是仙女座大星云，它距离我们220万光年，直径13万光年。

河外星系是很多的，目前的大望远镜可以看到100亿光年远的河外星系，在这样的范围内，大约可以看到10亿个。在这些星系中，有的像水中旋涡，有的呈棒旋形，有的像椭圆，还有一些是不规则的。按照它们的形状，分别叫它们旋涡星系、椭圆星系、棒旋星系和不规则星系。这些星系是用照相方法"看到"的。到目前为止，用照相方法所能"看到"的河外星系所分布的空间区域，叫做总星系。

小麦哲伦星云

总星系也不是整个宇宙，而是宇宙的一个小区域，是目前所能看到的宇宙空间。宇宙是无限的，没有边，没有沿。望远镜所能看到的范围以外是什么样子，有待大家去探索。

JIEDU WOMEN SHENGGUN DE TIANTI TAIYANGXI

知识点

中子星

　　中子星，又名波霎，是恒星演化到末期，经由重力崩溃发生超新星爆炸之后，可能成为的少数终点之一。简而言之，即质量没有达到可以形成黑洞的恒星在寿命终结时坍缩形成的一种介于恒星和黑洞的星体，其密度比地球上任何物质密度大相当多倍。

　　中子星的密度为10的11次方千克/立方厘米，也就是每立方厘米的质量竟为1亿吨之巨！对比起白矮星的几十吨/立方厘米，后者似乎又不值一提了。事实上，中子星的质量是如此之大，半径10千米的中子星的质量就与太阳的质量相当了。

　　同白矮星一样，中子星是处于演化后期的恒星，它也是在老年恒星的中心形成的。只不过能够形成中子星的恒星，其质量更大罢了。根据科学家的计算，当老年恒星的质量大于10个太阳的质量时，它就有可能最后变为一颗中子星，而质量小于10个太阳的恒星往往只能变化为一颗白矮星。

　　但是，中子星与白矮星的区别，不只是生成它们的恒星质量不同。它们的物质存在状态是完全不同的。

　　简单地说，白矮星的密度虽然大，但还在正常物质结构能达到的最大密度范围内：电子还是电子，原子核还是原子核。而在中子星里，压力是如此之大，白矮星中的电子简并压再也承受不起了：电子被压缩到原子核中，同质子中和为中子，使原子变得仅由中子组成。而整个中子星就是由这样的原子核紧挨在一起形成的。可以这样说，中子星就是一个巨大的原子核。中子星的密度就是原子核的密度。中子星的质量非常大，由于巨大的质量就连光线都是呈抛物线挣脱。

　　在形成的过程方面，中子星同白矮星是非常类似的。当恒星外壳向外膨胀时，它的核受反作用力而收缩。核在巨大的压力和由此产生的高温下发生一系列复杂的物理变化，最后形成一颗中子星内核。而整个恒星将以一次极为壮观的爆炸来了结自己的生命。这就是天文学中著名的"超新星爆发"。

延伸阅读

中国科学院紫金山天文台，是我国最著名的天文台之一。始建于1934年，建成于1934年9月，位于南京市东南郊风景优美的紫金山上。紫金山天文台是我国自己建立的第一个现代天文学研究机构，前身是成立于1928年2月的国立中央研究院天文研究所，至今已有84年的历史。紫金山天文台的建成标志着我国现代天文学研究的开始。中国现代天文学的许多分支学科和天文台站大多从这里诞生、组建和拓展。由于她在中国天文事业建立与发展中作出的特殊贡献，被誉为"中国现代天文学的摇篮"。

1913年10月，日本在东京召开亚洲各国观象台台长会议，他们邀请法国教会在上海的观象台代表中国，消息传出，举国哗然，而知识界尤甚。当时的中央观象台台长高鲁，发誓建造一座能与欧美并驾齐驱的天文台，后高鲁转任法国公使，由厦门大学天文系主任余青松接任。当时的总理陵园管理委员会提出，天文台必须按照中式风格设计，中式风格主要体现在屋顶和房檐，但天文观测却需要圆形屋顶，这一棘手的问题被交给杨廷宝领衔的基泰工程司。最终建成的紫金山天文台位于南京东郊紫金山风景秀丽的第三峰上。牌楼采用毛石作三间四柱式，覆蓝色琉璃瓦，跨于高峻的石阶之上。建筑间以梯道和栈道通连，各层平台均采用民族形式的勾栏，建筑台基与外墙用毛石砌筑，朴实厚重，与山石浑然一体。

紫金山天文台拥有射电天文实验室、空间天文实验室、天体物理研究部和天体力学研究部4个主要研究单元。有青海、青岛、赣榆、盱眙4个野外台站，其中青海观测站是我国目前唯一的大型毫米波射电天文观测站，装备了具有国际先进水平的13.7米毫米波射电望远镜；新建的盱眙观测站将是我国唯一的应用天体力学实测基地。

太阳系的特征

对于所有这些观测到的太阳系的规律性，人们至今还不能作出解释。人们正是希望通过研究这种规律性来获得一种能对太阳系起源作出解释的理论。然而，甚至在没有完全令人满意的一种理论的情况下，下面的事件看来是肯定的：太阳系的秩序代表着一种有效的自动调节方式。行星的接近正圆的轨道保证了它们能安全运行。不遵守这些交通规则和违反在一定轨道运动的天体或迟或早要同其他天体靠得过近。这种相遇的结果是，它们或者被潮汐力破碎，或者被加速到彻底离开太阳系——这是彗星常常遭到的下场。即使太阳系在过去不如现在这样井然有序，我们现在看到的某些次序也必然是要通过演化而建立起来的。

太阳系的基本特征

人们通过多年的观测和研究，掌握了大量的太阳系的特征，任何理论都必须能合理地解释这些特征，才会有机会获得认可。下面 11 条观测事实基本揭示了太阳系的基本特征。

（1）行星公转具有同向性。即行星绕太阳转动的方向都一样，这个方向也就是太阳自转的方向。

（2）行星轨道具有共面性。行星公转轨道几乎都在一个平面（不变平面）上，只有最里面的水星的公转轨道对不变平面有较大的倾角，为 $6°17'$，其余 7 个行星的倾角都小于 $2°2'$。太阳的赤道面和不变平面的交角不到 $6°$。

（3）行星公转轨道都接近正圆，只有水星的轨道偏心率较大，为 0.206，其余行星的轨道偏心率都小于 0.1。

（4）在太阳系 33 个卫星中，有 20 个绕行星的轨道运动也具有同向性、共面性和近圆性，轨道对行星赤道面的倾角都不超过 $2°$，偏心率不超过 0.11。其余 13 个卫星中有 6 个是逆行的，7 个的偏心率和倾角都比较大。

（5）在 8 个行星中，有 7 个是顺向自转，只有金星逆向自转，天王星躺着自转。一般说来，行星的质量越大，自转越快。自转情况已知的卫星，月球、火卫一、二、木卫一、二、三、四和海卫一，都是顺向自转，而且是同步自转，即自转周期等于绕行星转动的周期。

（6）在太阳系的角动量中，太阳的角动量只占 0.6%，行星的角动量则占 99.4%。行星的角动量密度比太阳大 5 个数量级。对于卫星系统（地月系除外），情况不一样。卫星绕行星转动的角动量是行星自转角动量的 1/10 ~ 1/100，是火卫系的 1 /320 000。卫星的角动量密度只比行星大一两个数量级。

（7）行星离太阳的平均距离有一定的规律性，规则卫星也有类似的规律。

（8）行星在质量和大小方面都是中间大，两头小。木星的质量等于其他 7 个行星的质量和的 2.5 倍，木星和土星的质量和等于其他 6 个行星的质量和的 12 倍。但是，行星的平均密度则具有另一种分布。类地行星的平均密度都在 4 ~ 5.5 之间，类木行星的平均密度则在 0.7 ~ 1.6 之间。木卫系、土卫系、天卫系（只考虑规则卫星）的质量分布和大小分布也有中间大两头小的趋向，但不明显。由于卫星的半径和质量定得不准确，所以算出的密度值还不可靠。

（9）在火星轨道和木星轨道之间没有大的行星，只有许多小行星。小行星都顺行，但轨道的倾角和偏心率的范围却相当大。已测出 40 几个小行星的自转周期。小行星在质量和大小方面的分布范围很大。一号小行星谷神星的质量就占小行星总质量的 1/5。存在着好些小行星群。

（10）彗星公转轨道在半长径、偏心率和倾角这 3 方面的分布范围都很大。已算出轨道的 600 多个彗星中，2/3 的轨道半长径大于 700 天文单位。轨道半长径越大，倾角和偏心率平均说来也越大。一半的彗星逆行。

（11）陨星有陨铁、陨石、陨铁石 3 类。陨石又分为球粒陨星和无粒陨星。有些陨星还含有钻石、水和有机物。

上列观测事实是太阳系在运动方面和结构方面最主要的特征，是任何有关太阳系起源和演化的理论都必须予以说明的。此外，太阳的形成和行星、卫星的形成是大致同时进行的，太阳早期的变化（光度变化，表面温度变化，物质的抛射）对行星的形成过程会有很大影响。

轨道特征

　　太阳系的中心天体是太阳，环绕着太阳有 8 个行星（包括它们的卫星）以及许多小行星、流星体和彗星在运转着。行星和小行星几乎都在同一个平面上绕太阳转动，大部分卫星也几乎在这同一平面上绕各自的行星转动，它们的转动方向一样，而且这个方向又正是太阳自转的方向。行星绕太阳转动的轨道和大部分卫星绕行星转动的轨道都是和正圆相差很少的椭圆。上述这 3 个运动特征称为行星和卫星的轨道运动的共面性、同向性和近圆性。这些运动特征在研究太阳系发展史上具有重要意义。

　　行星绕太阳运行的轨道是椭圆。行星轨道面对不变平面的倾角，只有水星和冥王星大些，分别为 6°17′ 和 15°33′，其他的都很小，都小于 2°10′，这表现了轨道运动的共面性和同向性。偏心率也只有水星的比较大，为 0.206，其他的都小于 0.1，这表现了行星轨道运动的近圆性。

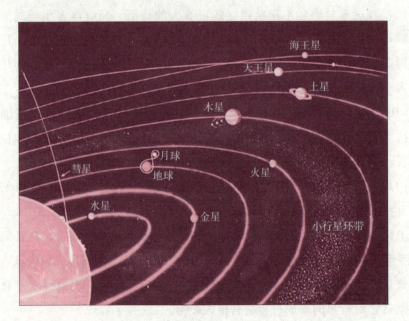

太阳系 1

　　卫星的情况却复杂些。33 个卫星中有 11 个的轨道面对行星轨道面的倾角大于 90°，它们绕行星的转动方向和行星绕太阳的转动方向相反，这些是所谓逆行卫星。土星最外面的卫星——土卫九是逆行的。木星最外面的 4 个小卫星——木卫十二、十一、八和九也都是逆行卫星。不过，离海王星很远的海卫二不是逆行的，而离海王星很近而且比海卫二大得多的海卫一却是逆行的。天王星和它的卫星系统都很特殊，天王星的自转轴和公转轴几乎垂直，前者对后者的倾角，也就是赤道面对轨道面的倾角为 98°（地球只有 23.5°）。5 个天卫的轨道都在天王星的赤道面上，所以 5 个天卫绕天王星转动的轨道也几乎和天王星的公转轨道垂直。

　　在研究太阳系演化史时，一般把卫星分为两类：规则卫星和不规则卫星。规则卫星绕自己行星运动的轨道面对行星赤道面的倾角和偏心率小，离行星距离的分布有规则；不规则卫星的倾角和偏心率大，距离分布不规则。

　　归入规则卫星的有木卫一到五，土卫一到七和土卫十，天卫一到五，共 18 个。它们的轨道对行星赤道面的倾角都不大于 1.5°。偏心率，除了土卫七的等于 0.104 以外，其余的都小于 0.03。

　　月球、木卫六到十三，土卫八和九，海卫一和二，都是不规则卫星。它们的轨道面对行星赤道面的倾角都大于 14°；轨道偏心率，除了月球、土卫八和海卫一以外，都大于 0.13。两个小

木卫一

火卫，虽然它们的偏心率和倾角都较小，但仍归入不规则卫星。这是因为，第一，火卫一绕火星转一周的时间（7 小时 39 分钟）只有火星自转一周时间（24 小时 37 分钟）的 1/3 不到，这种情况在卫星中是独一无二的；第二，火卫二的 a 值和火卫一的 a 值的比率远大于 2，这和土卫八和土卫九类似，而规则卫星的这种比率都小于 2。

土卫八

总而言之，约一半卫星的轨道运动具有共面性、同向性、近圆性；另一半的卫星这3个特征或者全没有或者少一种或两种。

已经定出轨道和编号的1 800个小行星，其倾角和偏心率一般说来都比行星大。倾角有大到52°的，平均倾角为9.75°。偏心率有大到0.83的，平均为0.14。所以没有逆行的小行星。彗星的倾角和偏心率范围比小行星大得多，在周期长于15年的彗星中，约一半是逆行的；在已定出轨道的600来个彗星中，一半以上的偏心率值等于1或略大于1。

行星除了轨道平面和倾角有规律，各个行星的轨道周期也表现出若干惊人的规律性。当我们把两颗最大的行星——木星和土星的周期加以比较时，我们发现二者之比为3：5。当我们把其他行星绕太阳运行一周所需时间加以比较时，也得出类似的比例关系。天王星和海王星的公转周期之比约为1：2，木星和天王星的公转周期之比为1：7，天王星和冥王星的公转周期之比为1：3。有趣的是，这些比值都是简单的，即它们都可以用不大的整数来表示。我们没有发现像19：31或21：57这样的比值。

与此类似，行星的卫星的公转周期也显示出同样的性质。例如，我们发现在天王星的5颗卫星中的任何两颗的轨道周期之间存在简单的比例关系。

距离特征

行星的轨道半长径——也就是行星和太阳的平均距离的分布具有一定的规律性。两个相邻行星的轨道半长径的比值大致是常数。对于规则卫星也有类似的情况。

对于天卫，比率都在 1.46 附近；对于土卫，去掉土卫八和土卫九这两个不规则卫星，则 7 个比率中只有一个较大，其余 6 个都在 1.24 附近；对于木卫五和木卫一到四，有 3 个比率很接近 1.60，只有一个比值较大（达 2.33）。

对于行星，比率在 1.69 左右，偏差约 20%。总的说来，对于行星和规则卫星，这个比率大致为常数，即离中心体越远，相邻两个绕转体的轨道相隔也越远。对于不规则卫星，比值明显地较大，即上述规律不适用于不规则卫星。

对于行星，距离分布规律还可以用另外一种方式来表示，这就是德国数学教师提丢斯在 1766 年发现的规律。以后几年，德国天文学工作者波得对此规律加以论述和宣传，后来被人们称作提丢斯—波得定则。行星离太阳的距离，如果用 0.1 天文单位来表示，可以用一个简单的数列写出：4，4+3，4+3×2，4+3×4，4+3×8，……

在提丢斯—波得定则提出来时，已知的最远行星是土星。在 1781 年，天王星被发现，运行轨道与定则计算值符合得很好。这样，就鼓励了天文工作者去努力寻找 $n=5$ 的位于火星轨道和木星轨道之间的行星。寻找结果，于 19 世纪初发现了好些个小行星，而不是一个大行星。头 3 个小行星的平均 a 值为 2.7，和 $n=5$ 时给出的 2.8 很接近。不过，1846 年发现的海王星和 1930 年发现的冥王星的 a 值，分别同 n 等于 9 和 10 时由公式给出的值相差很多。

行星和卫星的距离分布规律，也是研究太阳系演化史的重要资料。

质量和密度

质量和半径是天体的最重要的两个物理参数，从这两个参数容易算出天体的平均密度。

行星都在自转着，自转较快的天体都成为扁球即旋转椭球体的形状，最短的轴就是自转轴。行星的质量和半径都比较大，内部物质由于受到的重力比外部物质的大，所以密度也比外部的大。行星的平均密度是用体积除质量得到的，介于内部密度和外部密度之间。

行星的质量和半径，其数值一直在改进。一个突出的例子，是冥王星的质量。过去，曾认为它是地球质量的 90% 或更大一些，到 70 年代初期，通过较

类木行星

精密的测定，才把这个值改为地球质量的 11%。

为了更清楚地看出行星在质量和大小方面的差别。木星和土星这两个行星的质量，就占了 8 个行星总质量的 92.5%。从平均密度来看，行星可以分为两类；一类是最靠近太阳的 4 个，它们的密度都在 4 和 5.5 之间，称为类地行星；另一类是木、土、天、海这 4 个巨行星，也称类木行星，它们的平均密度比类地行星小很多，在 0.7 和 1.6 之间。

自转特征

自转在天体中是很普遍的现象，也是研究天体演化的重要资料。

所有行星的另一个共同点是，它们都自转，即绕本身的轴旋转。大多数行星的自转方向同它们绕太阳公转的方向一致。例外的有天王星和金星，它们是横向或反向自转的。行星绕轴自转的周期也显示出有趣的数字关系。当我们把内行星的自转同它们绕日公转加以比较时，我们会发现二者之间存在简单的整数比值。例如，金星按这样的方式自转：每当它经过地球时，它总是以同一面朝向我们。水星的自转周期同它绕太阳的公转周期之比为 3：2（即自转 3 周的同时，公转两周）。这些运动方式至今未得到充分的解释。

过去，人们一直以为水星的自转周期恰等于它的公转周期，即 88 天。到了 1965 年，通过雷达观测，才定出了水星的自转周期等于 58.6 天，这正好是公转周期的 2/3。金星表面经常笼罩着一层浓厚的云，测定它的自转速度相当困难，因此，关于金星的自转周期，长时间内没有一个公认的数值。不同测定得到的自转周期有长到 225 天（恰好等于公转周期）的，也有短到小于 1 天的。1964 年，通过雷达观测，人们定出金星的自转周期等于 244.3 天，而且是反向的。这样，在 8 个大行星中，有 6 个是正向自转的，即自转方向同公转方向一样，不过，它们的自转轴对公转轴大半都有二十几度的倾角；天王星是侧向自转的，即"躺着"自转，它的自转轴和公转轴几乎垂直；金星则是反向自转。

在卫星中，只有月球、木卫一、木卫二、木卫三、木卫四、海卫一和火卫一这7个卫星的自转周期已经知道，它们的自转周期都分别等于各自绕行星转动的周期。这种自转称为同步自转，是行星和卫星之间的潮汐作用的结果。

在已经定出轨道并加以编号的1 800个小行星中，有50多个的自转周期已经定出来，它们是从两个多小时到18小时，平均8.6小时。自转轴在空间的取向则多种多样，看不出有什么规律性，也许是资料太少的缘故。

有些彗星的核也在自转，周期是几小时。

太阳的自转有些特别，纬度越大，自转越慢。赤道处的自转周期等于25.4天（自转线速度为每秒2.0千米），纬度15°处为25.5天，30°处为26.5天，60°处为31.0天，近极处约35天。太阳的自转轴对地球公转轴的倾角为7°15′，对不变平面法线的倾角为5°56′。

角动量分布特征

物体做直线运动时，它具有动量，动量等于物体的质量和速度的乘积。物体做曲线运动时则具有角动量，也叫做动量矩。行星绕太阳转动是一种曲线运动，所以行星都具有角动量。如果轨道是正圆，则角动量 J 等于行星的质量 m、线速度 v 和轨道半径 r 的连乘积。

事实上，行星公转轨道都是椭圆。可以证明，天体在椭圆轨道上运动时，速度 v 和向径 r（天体和位于焦点上的中心天体之间的距离）的乘积 vr 是一个常数。这样，上面的公式对椭圆运动仍然适用。行星公转时具有的角动量称为轨道角动量。

行星自转也有角动量，称为自转角动量。

角动量这个概念在论述太阳系演化史时会经常用到。假如一个天体系统（或其他任何物质系统）在一段时期内同外界没有物质交换，没有相互作用，则这个系统的角动量将保持不变。系统某一部分的角动量可以全部或部分地通过某种方式转移给系统的另一部分，但系统的总角动量不增也不减。这称为角动量守恒定律。

　　要计算角动量需要知道质量，要计算自转角动量还需要知道物质在天体内的分布。较大的天体都是内部密度大，外部密度小。太阳系里质量未能定出的天体一般都是较小的，如小行星、小的卫星和彗星等。在计算小行星和小卫星的角动量时，是假设一个合理的密度值，以它乘体积来求得质量。全部小行星的总质量约为地球质量的 1/1 000。

　　彗星的总数我们不知道，只有很少的彗星定出了质量，所以未计算彗星的角动量。估计彗星的总质量不超过地球质量的一亿分之一，所以彗星的总角动量只占太阳系的很小部分。只占太阳系总质量 0.135% 的行星和卫星等等，它们的角动量却占了太阳系总角动量的 99.4% 以上。这其中，木星的角动量占了 61.5%，土星占了 25.0%。而质量占 99.865% 的太阳，其角动量却只占太阳系总角动量的 0.6% 不到。这就是所谓太阳系的角动量分布异常，任何关于太阳系起源的理论都必须能够满意地说明这种分布情况。

　　卫星系统的角动量分布情况同行星系统很不一样。只有地月系里月球绕地球的轨道角动量比地球的自转角动量大 4 倍，对于其余卫星系统，都是作为中心体的行星的自转角动量比卫星绕行星的轨道角动量大 10 倍到 100 多倍（火卫系统除外）。

　　在太阳系各天体的角动量计算出来以后，考虑到角动量是矢量，可以求它们的矢量和，得到太阳系总角动量的数值和取向。结果是：太阳系总角动量矢量的数值等于 3.155×10^{50} 克·厘米^2/秒（不包括彗星的角动量），矢量和地球公转轴的夹角等于 1°37′，和地球自转轴的夹角等于 23°2′，和银河系自转轴的夹角等于 61°44′。垂直于太阳系总角动量矢量的平面就是所谓不变平面。不变平面最接近木星的轨道面，这是因为木星是最大的行星，它的角动量占了太阳系总角动量的 3/5 还多。

类木行星与类地行星

　　当我们观察从水星到海王星这些行星时，我们会注意到它们似乎分属于截然不同的两类。靠近太阳的行星全都是体积较小、密度较大的由岩石组成的。它们一般拥有相当稀薄的大气，自转速度也往往较为缓慢。这些行星即所谓类地行星，这个名称是按照它们原型——地球而取的。这类行星包括水星、金星、火星和地球及其卫星——月亮。另外4颗行星——木星、土星、天王星和海王星——往往称作类木行星，由木星而得名。比起

巨行星

类地行星它们要大得多，但密度要小得多，主要由氢和氦组成，它们大部处于液态。它们拥有重而稠密的大气，考虑到它们如此巨大，自转速度是很高的。这些行星由于体积大有时也叫做巨行星，又由于它们的组成比类地行星更接近于太阳的组成而被称为"太阳行星"。

类地行星几乎不含有氢和氦，而是由氧、硅和铁所构成。按照化学组成，小行星同类地行星最为相似，而彗星则同类木行星非常相似。

类地行星和类木行星之间的差异的确很惊人，而这一点正是必须依靠太阳系的起源来解释的。如果假定类地行星同太阳和类木行星起源于由原始物质组成的同一块云团，那么为什么类木行星保留了曾是这块原初云团的原始组分的绝大部分的轻元素呢？此问题的答案必然是构成任何一种太阳系起源理论的基石。

当我们把类木行星和类地行星的大气加以比较时，我们看到了它们之间的一个最为明显的区别。类木行星具有由比例大约为2/3的氢和1/3的氦组成的延伸很广的大气层。较大的类地行星（地球、金星和火星）则拥有富含碳、氮和氧的较薄的大气层。较小的类地行星（水星和月亮）根本没有大气。上述这些很大的差异的原因可以通过下述两个事实予以说明：一是行星之间在质量上存在很大的不同，二是它们的表面温度有很大不同，后者主要是到太阳的距离的远近造成的。一颗行星的质量越大，它的表面上的引力就越大，因而它更容易保留住它的大气中的各种气体。再者，由于类木行星的温度较低，分子就运动得比较缓慢，因而它们就不大可能达到逃逸到宇宙空间的速度。

类木行星距离太阳很远，这一事实至少可部分地解释它们自转速度为何较大。类地行星的自转速度可能由于受到太阳潮汐力的作用在几十亿年间的漫长历程中减慢了下来。但是，如果把太阳对各行星的自转的减慢作用加以比较时，我们会发现，有几颗行星（比如地球和火星）的自转似乎比所预期的慢。这表明，作用在这几颗行星的太阳潮汐力在过去比现在大得多。对此情况的一种解释是，假定这些行星的体积原先比现在要大得多。这个假说符合下述事实：如果假定地球是由构成太阳的同样物质所组成，那么地球为取得它现在含有的铁、氧和硅的数量，它原来的质量必须和木星的质量相等。所以，很有可能，类地行星原来都是像类木行星那样的巨大气体球。太阳附近的高温使它们丧失了绝大部分的氢和氦，仅留下了现在构成这些行星的岩石质的核心。

知识点

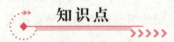

提丢斯

提丢斯（Titius, Johann Daniel）德国天文学家。1729 年 1 月 2 日生于普鲁士的科尼茨（今波兰的霍伊尼斯）；1796 年 12 月 16 日卒于萨克森的维腾贝格。

提丢斯是一位布商兼地方议会议员的儿子，其父死后由舅父养大。这位舅父是一个博物学家，他支持和鼓励少年提丢斯对于科学的兴趣。1752 年，提丢斯在莱比锡大学获得硕士学位。1756 年他在维磋贝格大学接受教授职位　并在那里终其一生。使他名垂科学史的一件事，是他在 1786 年提出诸行星与太阳的平均距离非常接近于用下式表示的简单关系：$A = 4 + (2^n \times 3)$，此处 n 的值依次取 $-\infty$、0、1、2、3，等等。这样就产生了一个数列：4，7，10，16，28，52，100，…它与水星、金星、地球、火星、——木星以及土星到太阳的相对距离相吻合。没有任何行星可以填补火星和木星之间的那个空缺。这一关系刚提出时并未受到人们的重视。

1772年经波得发表后才逐渐引起天文学家们的注意。此后，人们便称它为波得定则，可怜的提丢斯却被冷落一边。但是，70年以后人们发现了海王星，便发觉这条"定则"其实只是一种巧合，并无实际的科学意义。尽管如此，它确曾鼓励了奥尔勃斯和其他一些人朝火星和木星之间的那个空白处去搜索行星类的天体，并且发现了众多的小行星。在火星和木星之间有一个假象行星，叫"第五未知行星"，所以有猜测在火星和木星之间的小行星带是"第五未知行星"爆炸后留下的残骸。

延伸阅读

　　天体，是指宇宙空间的物质形体。天体的集聚，从而形成了各种天文状态的研究对象。天体，是对宇宙空间物质的真实存在而言的，也是各种星体和星际物质的通称。如在太阳系中的太阳、行星、卫星、小行星、彗星、流星、行星际物质，银河系中的恒星、星团、星云、星际物质，以及河外星系、星系团、超星系团、星系际物质等。通过射电探测手段和空间探测手段所发现的红外源、紫外源、射电源、X射线源和γ射线源，也都是天体。人类发射并在太空中运行的人造卫星、宇宙飞船、空间实验室、月球探测器、行星探测器、行星际探测器等则被称为人造天体。

　　天体在某一天球坐标系中的坐标，通常指它在赤道坐标系中的坐标（赤经和赤纬）。由于赤道坐标系的基本平面（赤道面）和主点（春分点）因岁差、章动而随时间改变，天体的赤经和赤纬也随之改变。此外，地球上的观测者观测到的天体的坐标也因天体的自行和观测者所在的地球相对于天体的空间运动和位置的不同而不同。

　　天体的位置有如下几种定义：

平位置

　　只考虑岁差运动的赤道面和春分点称为平赤道和平春分点，由它们定义的坐标系称为平赤道坐标系，参考于这一坐标系计量的赤经和赤纬称为平位置。

真位置

进一步考虑相对于平赤道和平春分点作章动的赤道面和春分点称为真赤道和真春分点，由它们定义的坐标系称为真赤道坐标系，参考于这一坐标系计量的赤经和赤纬称为真位置。平位置和真位置均随时间而变化，而与地球的空间运动速度和方向以及与天体的相对位置无关。

视位置

考虑到观测瞬时地球相对于天体的上述空间因素，对天体的真位置改正光行差和视差影响所得的位置称为视位置。视位置相当于观测者在假想无大气的地球上直接测量得到的观测瞬时的赤道坐标。星表中列出的天体位置通常是相对于某一个选定瞬时（称为星表历元）的平位置。

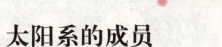

太阳系的成员

　　太阳系是由太阳、行星及其卫星与环系、小行星、彗星、流星体和行星际物质所构成的天体系统及其所占有的空间区域。

　　在太阳系成员中，有的个子大，有的个子小，有的温度高，有的温度低，有的转得快，有的转得慢，尽管都处于同一个星系，但差异还是很大的。

　　太阳系中最重要的天体是太阳本身。太阳是一个光芒万丈的大火球，处在太阳系的中心。在太阳系中，太阳对于其他的天体起着引力维系物的作用。它差不多是所有的光和能的来源，几乎占据了太阳系总质量的99.9%。然而太阳是一颗恒星，所以从根本上说来，它不同于太阳系中任何其他的天体。流星尘这些最小的天体和地球的相同之处，也比它们同太阳的相同之处要多。因此，当我们谈到太阳系的天体时，我们一般总是从仅次于太阳的最重要天体——行星开始的。

　　太阳系中有八大行星。对它们的基本性质所作的对比表明，这八大行星分属于明显不同的两类。距太阳较近的那些行星——水星、金星、地球和火星，体积小，密度高，自转速率慢。木星、土星、天王星、海王星的体积要大得多，但密度却较小，自转速率较快。内行星一般称为类地行星，而外行星则通称为类木行星。

　　彗星的形态与其他的不同，它拖着一条长尾巴横冲直撞，其中有些很可能还是其他星系中的成员，由于某种原因使它突然串到太阳系中来的，说不定哪一天又不辞而别了。因此，只好把它们算作太阳系中的"特殊成员"了。

　　下面，我们来逐一认识一下太阳系中这些成员们的面貌吧！

太阳系八大行星

太 阳

太阳大小

　　从地球上看太阳，它似乎和月球差不多大，其实，这是距离造成的错觉。太阳距离地球，平均约有 1.5 亿千米，几乎是月球与地球距离（约 38 万千米）的 400 倍。这段距离有多长呢？如果乘坐一架每小时飞行 800 千米的飞机到太阳上去旅行，得需要整整 21 年的时间。每秒钟能跑 30 万千米的光，走完这段距离也要 8 分 19 秒，换句话说，假如太阳现在熄灭了，我们要在 8 分 19 秒之后，才会感到黑暗降临。

　　太阳的半径约为 695 980 千米，等于地球半径的 109 倍，109 倍看来似乎相差并不很大，可是，球的体积与半径的立方成正比。因此，这个半径倍差意味着太阳的体积比地球大 130 万倍，假如太阳是个空心巨球，我们想用地球把它装满的话，除了需要 90 万个整地球以外，还要再把 40 万个地球切成碎块来填缝。

根据万有引力定律，算出太阳的质量大约等于 2 000 亿亿亿吨，差不多等于地球总质量的 33 万倍，或者说，等于太阳系所有大行星质量总和的 740 倍。太阳表面所产生的重力为地球表面的 28 倍。一个在地球上重 50 千克的人，如果站在太阳上，他的体重就变成 1 400 千克了。太阳正是依靠这巨大的质量，以强大的引力控制着太阳家族中的每个成员，犹如一位强有力的组织者

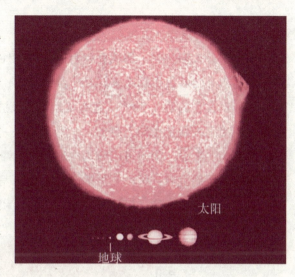

太阳

地球

太阳系对比

和指挥者，把这个庞大的"家族"管理得井井有条。

不过，在人们看来极其巨大的太阳，在宇宙的恒星世界中，不论从体积、质量，还是光度来说，都是极其普通的。有的恒星比它大几十倍、几百倍，甚至几千倍，要是太阳和它们"站"在一起，只不过是一位毫不引人注意的"小个子"而已。这个"巨大的小个子"位于银河系一条螺旋臂上，大约处在星系中心至边缘的 3/4 处。太阳和它的行星一样，也在不停地自转，自转一周需要 25.2 个地球日（赤道部分）。同时，它也带领着整个太阳系以每秒 250 千米的速度，围绕银河系中心旋转，旋转一周大约需要 2 亿年之久。

太阳不是一个标准的圆球，而是一个赤道部分隆起、两极部分凹下的扁球体。这个扁球体的赤道半径比极半径大 6.5 千米。这 6.5 千米之差，对如此庞大的太阳来说，当然是微不足道的，但它的存在说明，太阳也像我们地球一样，不是标准的球体。

太阳结构

用肉眼看太阳，除了那明亮夺目的光辉以外，它在天空中几乎每天都是无声无息地东升西落显得那么安详和宁静，其实，事实并非如此。如果用一台望远镜仔细观察它的话（当然一定要加上黑色保护镜片，否则会灼伤眼睛），就会发现，太阳表面是变幻无穷的。

从结构上来说，太阳可以分为内部和大气两大部分。太阳内部是我们看不见的高温高压的世界；可以看见的，只是太阳表面的大气层。根据太阳大气层结构的不同特点，大致可以划分为光球、色球和日冕3层。

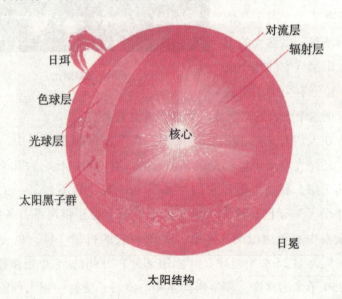

太阳结构

（1）光球

所谓光球，就是我们平时看到的耀眼的太阳圆面。

光球这个名称是18世纪一位叫做"施罗特尔"的天文爱好者首先使用的，意思是"发光的球"，太阳的直径就是按这个圆面定出来的。光球实际上就是太阳的低层大气，厚度约300千米，温度约为6 000℃。遗憾的是，正是这层厚度不大、密度很小（其密度约为水的几亿分之一）的气层，挡住了人们的视线，使人们难以看到太阳内部的奥秘。

用肉眼观看光球，它似乎只是一层十分明亮而光滑的圆轮。可是，在望远镜里，情况就大不一样了，它上面密密麻麻地布满着象"米粒"一样的结构，人们形象地把它叫做"米粒组织"。其实，用米粒这个名称却太不相称了，因为这些所谓"米粒"大得惊人，有的直径达 1 200 千米，面积比青海省还要大，最小的直径也在 300 千米左右。从地球上看去，这些蜂窝状结构，不仅像大米，还像一颗颗明亮的珍珠，散落在太阳圆面上，此起彼伏，闪闪发光。更有趣的是，它们的寿命都很短，不断出现又不断消失，形状和位置随时都在变化，几分钟内就辨认不出谁是谁了，看到的只是一片汹涌翻滚、永不停息的"波涛"。

这些奇怪的"米粒"究竟是些什么东西呢？天文学家们对它作过许多解释。目前，一般认为它是太阳表面灼热的气体掀起的波浪，可能是由太阳深层上升到表面的炽热气团，由于它的温度比周围要高 300℃ 左右而成为一块亮斑。这些上升的气团，由于不断向外辐射能量而变冷，接着很快又沉了下去，下沉后又被加热，再次上升成为另一个"米粒"，这种不断翻腾的现象，正是太阳表面冷（相对的）热气体上下对流的表现。

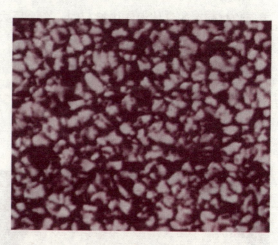

太阳米粒组织

除了这些时时变幻无穷的"米粒"以外，在这层光辉夺目的光球上，还可以看到另一种引人注目的东西——黑子。

所谓"黑子"，就是太阳表面分布的黑色暗斑。早在公元前 28 年（汉成帝河平元年），我国就有了关于太阳黑子的记载。此后 2 000 多年中，史书内有关黑子的记录多达 100 余次。古代，我国人民把太阳又叫做"金乌"，意思是太阳里面有一只黑色的乌鸦。其实就是对黑子形象的描述。国外对黑子的观测比我们晚了 800 多年，一直到公元 807 年，欧洲才第一次出现黑子记录。1610 年，伽利略第一次用望远镜观测了太阳黑子。同年，德国的席勒尔也在望远镜中看到了太阳上的这些黑斑。可是，当时在宗教统治的欧洲，这是大逆不道的邪说。按照宗教的教义，太阳是宇宙的眼睛，宇宙的眼睛怎么会有"沙子"呢？因此，当席勒尔经过反复观察，证明确实无误，便向教长报告，教长严肃地对他说："我读过亚里士多德的所有著作，里面根本没有谈到过有这类事情，去吧！孩子，不要胡思乱想，这一定是你的眼睛或者玻璃上有点什么，使你看错了，纯洁无瑕的太阳怎么会有黑点呢？以后再不要这样说了"。宗教偏见是不承认自然规律的。当然，自然规律也绝不会屈从于任何偏见。随着天文学的发展，不仅确认了这一现象，而且太阳黑子的秘密也真相大白了。

经过长时期的辛勤观测和研究，现在人们知道，所谓黑子，实际上是太阳表面灼热翻滚的气体海洋中掀起的一个个巨大的"漩涡"，这种漩涡式的凹坑深度大约100千米，直径达几千至几万千米，在这种漩涡中的物质，运动速度高达每秒2 000米，说明这里气流的扰动何等剧烈。那么黑子真的是黑颜色的吗？其实，黑子并不黑，它比火红的钢水还要明亮得多。人们之所以把它们看成块块黑斑，只是由于它的温度相对较低（约为4 500℃），比光球温度低1 500℃左右，在明亮的光球背景反衬下，才显得好像黑暗一些而已。

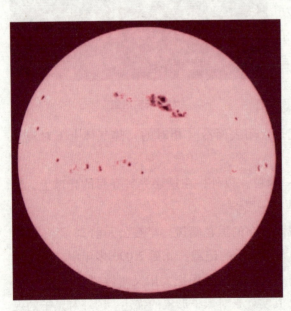

太阳黑子

黑子的形状、大小和它在日面上的位置都在不断变化。大黑子是由小黑子长大的，小黑子则诞生在米粒组织之间的小孔中，黑子很少单独行动，常常是成群结队地出现，称为"黑子群"。当一个黑子群发展到最大时，直径长达几十万千米，面积可以达到几十个甚至一百几十个地球圆面积那么大。经过长期对黑子研究的结果证明，黑子群中的黑子数目和它们面积大小的变化，似乎具有某种周期性。由极小到极大，大约平均需要 4 年，接着由极大又到极小，约需要 7 年，平均周期是 11 年左右。从 1750 年到 1851 年 100 年的观测资料，可以明显地看到这种周期变化。但是，严格地讲，这种周期好像又不十分准确，例如：1917 年是太阳黑子数目的极大年，相对数（一种表示黑子活动的指标）为 104，11 年以后，另一个黑子数目的极大年——1928 年，却只有 78。可是 1937 年又出现一个极大年，黑子数为 114，而其间相隔却只有 9 年。因此，直到现在，一些科学家对太阳黑子是否有一个 11 年的准确周期还抱有怀疑。黑子活动的周期究竟如何？还有待于我们去进一步研究、探索。

特别值得注意的是，黑子是太阳上的强磁区，具有强达三四千高斯的磁场，比周围区域的磁场强度高出几十倍，甚至几百倍。因此，有的天文学家把黑子又叫做太阳表面的"磁性岛屿"。不久前，美国天文学家帕尔克还认为，黑子的温度之所以比较低，正是因为强磁场大大促进了能量的传输，把绝大部分热流变换为磁流体波，沿磁力线迅速传播出去的结果。

黑子是太阳活动的主要标志，其他种种太阳活动，例如光斑、谱斑、耀斑以及日珥等等，几乎都与黑子的多少有关。长期观测证实，黑子群愈大，它附近出现的各种活动现象也愈多。因此，人们常常用黑子多少来衡量太阳活动的强弱。研究黑子的一个主要目的，就是要了解下面将要谈到的，对地球影响最大的太阳耀斑。

（2）色球

所谓色球，就是紧贴在光球之上的一层太阳大气，平均厚度为 1 万 ~ 2 万千米左右，它的密度比光球还要稀薄得多，可以说几乎完全是透明的。色球层的温度高达 1 万℃左右。平时我们是看不见它的，只有在日全食发生或使用色球望远镜观测时才能看到，它就像一圈微红色的环带，套在太阳的周围，显得格外艳丽。色球这个名称就是这样得来的。由于强烈的气流扰动，色球层上遍布着无数明亮的"火舌"，就像一场巨大的森林火灾那样，到处是一片熊熊燃烧的漫天大火，这些一边燃烧一边上升的火舌，有的宽达 1 000 多千米，最高可达 7 000 千米，其猛烈的程度，是地球上任何火焰都难以比拟的。除此以外，更为壮观的恐怕要算"日珥"了。它们比上面谈到的火舌更要雄伟得多，这些巨大的气体柱形成的高达几十万千米的"火焰喷泉"，在色球层上形成像流烟、云朵、树枝、龙卷风那样的各种奇特的形态，使人们感到太阳真是一个

太阳色球和日珥

"大火球"了。

雄伟的色球风光固然使人惊叹，但人们更多的注意力，却是集中在太阳的耀斑上。所谓太阳耀斑，又叫做"色球爆发"，这是太阳活动的一种重要现象。当这种现象发生时，首先是在色球层内一个不大的局部，亮度突然增强，射电辐射急促增加，15～30分钟以后，正式爆发开始，接着在几分钟到1～2小时的过程中，发射出很强的短波电磁辐射，如紫外光、X射线等所放出的能量的数量级大约为10^{25}卡，即10亿亿亿卡。我们知道，卡为热量的单位，1卡可以使1克水增温1℃，10^{25}卡意味着使10亿亿吨水由0℃增温到100℃。

此外，耀斑发生时，还抛射出大量的质子、电子和氦核等高能粒子，每个粒子的能量约10^5～10^9电子伏特，它们的运动速度可达光速的1/3～1/2，或者说，色球层爆发产生的粒子流，只需10～30分钟就可以从太阳到达地球。这些粒子穿透性很强，对于防护不够的宇宙飞船、人造卫星影响很大，严重时甚至可以使座舱中的宇航员和仪器受到伤害而不能正常工作，特别是当增强的X射线辐射来到地球附近后：

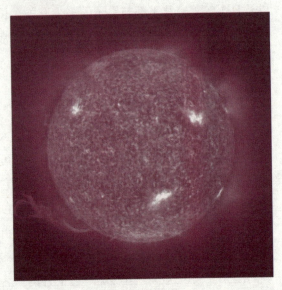

太阳耀斑

那些1～10埃的X射线辐射，使电离层的电子密度突然增多，从而对电波产生增强吸收，造成电离层的紊乱，使地球上依靠电离层反射的无线电通信出现强烈干扰甚至中断。

　　1956 年 2 月 23 日，中央人民广播电台的短波广播突然中断，全国各地的收音机同时都收不到北京的短波播音了。可是，36 分钟以后，一切又恢复了正常，是电台出了毛病吗？没有，电台一直在正常播音。在这同一时间，英国一支潜水艇部队正在格陵兰海面进行军事演习，指挥部与部队也失去了无线电通信联系，大家以为潜水艇出了什么事故，正在无可奈何的时候，无线电通信又自动恢复了。后来，天文学家才发现，原来太阳发生了一次猛烈的色球爆发，这些短波通信中断的"故障"都是由于电离层受到强烈冲击造成的。经过计算后知道，这次色球爆发，相当于 100 万颗氢弹的爆炸力。

　　许多统计研究表明，太阳耀斑与地球上的许多自然现象都有关系，现在许多科学家认为，地球上的气候变化；灾害性天气出现的频率；树木生长的速度；甚至地震都可能与太阳活动有关，而太阳活动中最剧烈的现象则是耀斑。因此，对太阳耀斑的研究，已经成为当前研究日、地关系的一项重要课题了。国际日地物理学科学委员会已计划，在当前太阳活动的极大年期间，组织联合观测和专题讨论，为作好耀斑预报积累经验和资料。

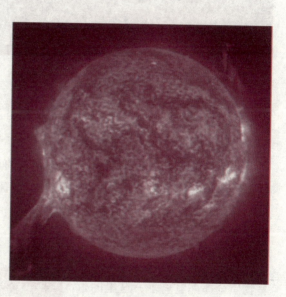

太阳耀斑 1

日　冕

　　最后就该说到"日冕"了。日冕是太阳最外层的大气，紧紧贴在色球上，厚度可达 1 万~2 万千米。这层大气非常稀薄，大约相当于地球大气密度的一万亿分之一。平常我们是看不到它的，即使用色球望远镜也看不到，因为它比太阳本身更白，只有当日全食发生时，人们才能在太阳黑色圆轮的四周看到它像一朵洁白的大花朵，在太阳的周围闪耀成一片珠宝般的银白色光辉，它的光芒一直延伸到几个太阳直径那么远的地方。

太阳日冕

日冕的主要特点是它那骇人听闻的高温——100 万℃，比光球（6 000℃）和色球（10 000℃）要高 100 多倍。为什么太阳外层大气反而比内层大气温度高这么多呢？这个使许多科学家们长期困惑不解的"高温之谜"，直到现在还是探索的难题。

目前，最流行的一种理论叫做"波动加热"说，认为日冕的高温是由于太阳表层激烈的物质对流运动产生的强波动造成的。这些波动其中包括声波，当声波传到日冕后变成了冲击波，波动是要靠物质的振动才能传播的，而日冕的物质却极为稀薄，振动在这里就很难维持下去了，只好把能量散失在日冕空间，计算表明，这样不断散失的能量，足以使日冕加温到 100 万℃左右。真的就是这样吗？恐怕还有待于进一步探讨。

在这极度高温的环境中，日冕物质全部都电离了，这里的带电离子，都以极大的速度一刻不停地运动着，例如，氢原子核（质子）平均运动速度约为每秒220 千米。虽然太阳以它强大的引力，力图把它们拉住，但是，还有一部分脱离了太阳，像脱缰的野马似的奔向星际空间。这些脱离太阳的高速粒子流，就是我们常说的"太阳风"。人造卫星

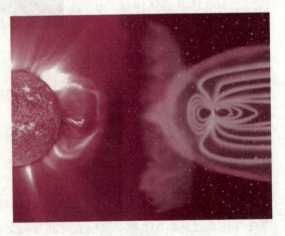

太阳风

测量的数据表明，这些高速粒子在地球轨道附近平均速度达到每秒 400 千米，其中最快的达到每秒 770 千米。从太阳到地球 1.5 亿千米的路程，一般只要 5 ~ 6 天就到了。这种太阳风，不仅"吹"向地球，而且还可以一直"吹"到最遥远的冥王星。可以说整个太阳系都是它们纵横驰骋的场所。

有趣的是，日冕的形状也和太阳黑子的多少有关。多次在日全食拍摄的日冕照片，都毫无例外地显示，黑子活动剧烈的年份（极大年）日冕呈现一种规则的圆形，而在黑子活动弱的年份（极小年），日冕则表现为扁形长条。

太阳能量

太阳分分秒秒都在散发出巨大的光和热，它巨大的能量是从哪里来的呢？

1814 年，德国一位光学工人福朗哈佛把开普勒和牛顿发现的光通过棱镜可以分解为不同颜色的原理，应用到对恒星的研究上，走出了恒星光谱学的第一步。后来，又经过人们不断地改进和完善，光谱分析终于诞生了。这就为了解太阳物质获得了一件有力的武器。一排排明暗相间的谱线终于告诉人们，太阳和其他天体一样，也是由各种物质组成的。

地球上已经发现的元素中，在太阳上已找到 70 多种，例如氢、氦、碳、氮、氧、铁、硅、钠、钾、钙等。其中有些元素，例如氦，还是首先在太阳上发现后才在地球上找到的。从组成太阳的这些元素的含量来看，主要是氢和氦，其中氢约占元素总量的 81%，氦约占 18%，其他元素的含量都很少，太阳实际上是一团灼热的气体。

弄清了太阳的物质组成，对于我们了解太阳为什么会长期稳定地发出如此巨大的热量，实在太重要了。原来，太阳的光热是热核反应的结果，太阳内部存在的大量的氢不断地进行着 4 个氢原子核结合成 1 个氦原子核的反应。估计太阳

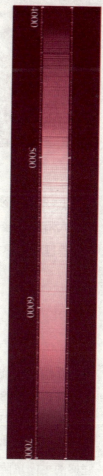

太阳光谱

上这种强烈的热核聚变反应，1 秒钟就要消耗约 400 万吨氢。正是由于这种反应的持续进行，太阳每天都消耗大量的氢、产生大量的热、放出大量的能。其原理完全同氢弹爆炸的情况一样。太阳正是依靠这种能源，成为我们今天见到的这个光芒万丈的大"火球"。

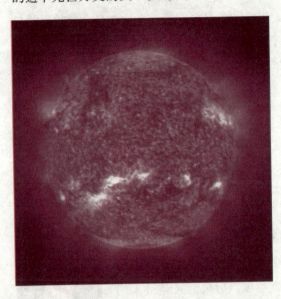

太　阳

火红的太阳向外辐射的能量是十分惊人的，每秒钟释放的能量约为 3.8×10^{33} 尔格，这个数字多么大呢？大约相当于 500 后面再添上 20 个 "0" 那么多马力的功率。或者说相当于 1 秒钟内同时爆炸 910 亿颗 100 万吨级的氢弹。这真是一个难以想象的数字，如果把这些能量用热量单位来表示的话，等于每分钟放出 5×10^{24} 千卡的热量。这些热量需要燃烧 1.3 亿亿吨煤才能得到。有人做过这样一个计算，如果用一层 12 米厚的冰壳把太阳包起来，这些热量只需要一分钟就可以使它全部融化。太阳就是这么一个使人惊奇的灼热天体。几十亿年来，它就是这样不断地散发着巨大的热量，成为整个太阳系的光和热的源泉。

太阳寿命

近代天文科学告诉我们：恒星，包括太阳在内，都有一个从产生到灭亡的十分漫长复杂的过程

天文学家们研究了许多不同发展阶段的恒星之后，已经知道，太阳早已度过了它的幼年期，它像现在这样照耀我们已经几十亿年了。当前，正处于精力旺盛的主序星阶段，保持目前这样的光和热，至少还可以稳定 50 亿年。

估计至少要在 50 亿年以后，才会逐渐进入体积急剧膨胀的红巨星阶段。

那时，太阳的体积可能增大到把水星、金星的轨道都包括在内。它释放出的热量可能使地球表面的温度上升到300℃以上，这个温度足以使锌或铅熔化。到那时，地球上广阔的海洋也会蒸腾为一片云雾而干涸。当然，不加保护的生物都会荡然无存了。经过这一急剧膨胀之后，太阳又会逐渐缩小，天空中的水分又将会落回地球再次填满海洋和湖泊，也许还会出现一段和现在差不多的环境条件。此后，在太阳把剩下的核燃料转变为金属元素的那几亿年里，它将发出蓝色的光辉。最后，终于耗尽了核能而成为一颗不再燃烧的白矮星。当然，在这以后很长很长的一段时期里，它还会继续发出一点点微弱的光亮。这时，太阳的体积可能缩小到比地球还小，但它巨大的质量仍足以牵引着地球在围绕它的轨道上继续运转。

▶ 知识点

▶▶▶▶▶

核 聚 变

核聚变是指由质量小的原子，主要是指氘或氚，在一定条件下（如超高温和高压），发生原子核互相聚合作用，生成新的质量更重的原子核，并伴随着巨大的能量释放的一种核反应形式。原子核中蕴藏巨大的能量，原子核的变化（从一种原子核变化为另外一种原子核）往往伴随着能量的释放。如果是由重的原子核变化为轻的原子核，叫核裂变，如原子弹爆炸；如果是由轻的原子核变化为重的原子核，叫核聚变，如太阳发光发热的能量来源。

D（氘）和T（氚）聚变会产生大量的中子，而且携带有大量的能量，中子对于人体和生物都非常危险。

氘氚聚变只能算"第一代"聚变，优点是燃料无比便宜，缺点是有中子。

"第二代"聚变是氘和氦-3反应。这个反应本身不产生中子，但其中既然有氘，氘氘反应也会产生中子，可是总量非常非常少。如果第一代电站必须远离闹市区，第二代估计可以直接放在市中心。

　　"第三代"聚变是让氦-3跟氦-3反应。这种聚变完全不会产生中子。这个反应堪称终极聚变。

　　目前人类已经可以实现不受控制的核聚变，如氢弹的爆炸。但是要想能量可被人类有效利用，必须能够合理地控制核聚变的速度和规模，实现持续、平稳的能量输出。科学家正努力研究如何控制核聚变，但是现在看来还有很长的路要走。

延伸阅读

　　牛顿，生于1642年12月25日，卒于1727年3月31日。爵士，英国皇家学会会员，是一位英国物理学家、数学家、天文学家、自然哲学家和炼金术士。他在1687年发表的论文《自然哲学的数学原理》里，对万有引力和三大运动定律进行了描述。这些描述奠定了此后3个世纪里物理世界的科学观点，并成为了现代工程学的基础。他通过论证开普勒行星运动定律与他的引力理论间的一致性，展示了地面物体与天体的运动都遵循着相同的自然定律；从而消除了对太阳中心说的最后一丝疑虑，并推动了科学革命。在力学上，牛顿阐明了动量和角动量守恒之原理。在光学上，他发明了反射式望远镜，并基于对三棱镜将白光发散成可见光谱的观察，发展出了颜色理论。他还系统地表述了冷却定律，并研究了音速。在数学上，牛顿与戈特弗里德·莱布尼茨分享了发展出微积分学的荣誉。他也证明了广义二项式定理，提出了"牛顿法"以趋近函数的零点，并为幂级数的研究作出了贡献。在2005年，英国皇家学会进行了一场"谁是科学史上最有影响力的人"的民意调查，牛顿被认为比阿尔伯特·爱因斯坦更具影响力。

　　1727年3月31日，伟大的艾萨克·牛顿逝世。同其他很多杰出的英国人一样，他被埋葬在了威斯敏斯特教堂。他的墓碑上镌刻着：让人们欢呼这样一位多么伟大的人类荣耀曾经在世界上存在。

水 星

难以观测的水星

水星是最早发现的 5 颗大行星之一。我国古人称它辰星，西方叫它麦邱立。这是罗马神话中商神的名字。麦邱立头上戴着有翅膀的帽子，穿着长翅膀的靴子，提着一根作拐杖的棍子，神秘地跟在太阳的身边，忽而在东方发白的天空露一露脸，却又匆匆跑到西方天空，探头向人间窥看。它出现时，只把半个面孔微微一露，便又缩了回去，给人以神奇莫测、诡秘无穷的感觉。

水星在太阳系八大行星中体积最小，质量最小。由于水星距太阳最近，因此它的轨道速度是八大行星中最大的。水星和太阳的这种靠近的关系，长久以来给观测这颗行星的工作带来一系列障碍。水星和太阳对地球的角度，从未超过 28°。这意谓着水星无论作为日出前的晨星，或是日落后的昏星，它只能在

水 星

地平线附近被人见到。从地球上看去，它总是在太阳的周围忽隐忽现，像和我们捉迷藏一样，有时跑到太阳的后面，看不见它，有时又跑到太阳的前面，淹没在强烈的太阳光辉里。只有当它运行到太阳的两边时，也就是地球上的春分前后日落以后的西方，和秋分前后日出之前的东方才能看到它几十分钟。虽然水星是一颗相当明亮的天体，但是由于它在空中的位置很低，对水星的观察要通过厚度很大，有着风暴骚扰、并能使其形象受到歪曲的大气层，这就使人们难于在地球上对它进行研究。天文学家们不得不选择障碍相对较小的白天，对它进行观察。然而在这种条件下，人们对水星的细节几乎是看不到的。直至最近，天文学家们对于水星的自转周期，尚不能作出准确的估计。

水星这种时而"晨星"（出现在东方）、时而"昏星"（出现在西方）的特点，在古代很长一段时期里，人们都把它误认为是两颗不同的星星。后来，发现这个在东西两个方向上交替出现的星星，原来就是同一颗星。从此，人们十分惊奇地认为它一定长着一双强劲的"翅膀"，行动非常敏捷，不然，它怎么会跑得那么快呢？因此，一直到今天，天文学上代表水星的符号还画着一对凌空飞翔的翅膀。

水星在地球轨道内运转的特点，使我们从地球上看它，和月球一样也有盈亏圆缺的位相变化。有时，它把被太阳照亮的一面对着我们，有时又把背着太阳的一面对着我们。特别有趣的是，这种位相更替同时还伴随着大小的变化。相当于"满月"那样，整个光亮面朝向我们时，正是水星距地球最远的时候，因此，看起来比较小，后来，慢慢开始"缺"了，离我们却愈来愈近了。当明亮部分逐渐变小时，体积却愈来愈大。当它运行到地球和太阳之间、距地球最近、体积最大时，

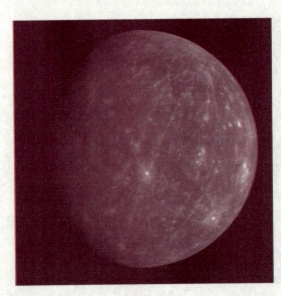

水　星

正好是黑暗面对着我们，反而看不见它了。300 多年前，哥白尼在创立"日心说"时，根据水星与地球相对位置的关系，就预言了水星（还有金星）会有这种位相变化。但是，由于当时还没有望远镜，无法证实这个正确的预言。因此，一些反对哥白尼的人，曾借此反驳"日心说"，哥白尼坚定地告诉他们："当人们发明仪器之后，有一天你是会看到的。"果然，17 世纪初，哥白尼的这一预言，被伽利略证实了。

水星概况

在太阳系已知的八大行星中，水星是距太阳最近的一颗大行星。它在紧紧围绕太阳运行的椭圆形轨道上，走到距太阳最近时（近日点）只有 4 600 万千米，距太阳最远时（远日点）却有 7 000 万千米，平均是 5 800 万千米，远、近距离之差如此之大，说明它走的是一条拉长了的道路。事实也正是如此。它是八大行星中轨道偏心率最大的。水星的公转轨道是一个偏心率为 0.206 的椭圆。如果水星上有人，"水星人"不但看到太阳大小在时时变化，而且看到太阳的运动是快一阵、慢一阵的，有时还会倒退。这是其他行星上绝对看不到的奇景！

由于距离太阳最近，按照开普勒行星运动定律，水星的轨道速度是八大行星中最大的。水星在轨道上的运行速度也像地球一样，各处是不相等的，平均是每秒 47.89 千米。水星 88 天就能围绕太阳跑完一圈。

水星是一个固体行星，也有自转。1965 年，波多黎各的阿雷西博城的一部雷达测出，水星自转周期为 58.646 天，并且以 167 天到 185 天之间的周期交替着昼夜。由它的自转和公转周期算来，太阳连续两次从水星某一特定地点的"地平线"上升起的时间相隔 176 天，和雷达观测值非常接近。水星上"一天"是 176 天，"一年"是 88 天，"一天"等于"两年"。这是水星的一大奇观！

由于水星上一昼夜长达 176 天，因此日照时间和夜晚时间都很长。长时间的日照和长时间的黑夜，加上没有空气和水调节气温，致使水星表面的温差大得惊人。在水星的背日面，温度下降到零下 173℃，而在太阳直射的向日面，最高温度在 427℃ 以上。由于水星靠太阳近，向日面的高温可以说是这个星球的特点。强烈的太阳辐射，使这里没有什么四季之分。近日点时，太阳给它的光和热大约等于给地球的 11 倍。即使在远日点，它从太阳接受的热量也是地球得到的 4.5 倍。换句话说，就像七月酷暑时有 4.5 个太阳一齐照在我们头上那样。如果有一天宇宙航行员登上这个星球的白昼地区时，他也许会看到一些熔化了的金属聚集在低凹地带形成的"湖泊"，当然，在这些"湖泊"里装的不是水，而是像铅、锡或其他熔点较低的金属熔液。

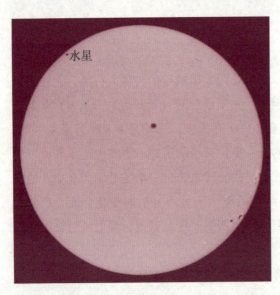

水星凌日

水星在公转过程中，有时走到太阳和地球中间。这时，地球上的人就看到太阳圆面上似乎出现一个移动的小黑点，这种现象叫做水星凌日。水星凌日发生的条件和日食相似。所不同的是，水星到地球的距离比月亮远，视圆面小，不能像日食那样将整个日面挡住，只能挡住一点点。水星凌日平均每个世纪大约发生 13 次。出现水星凌日时是测定水星轨道的极好时机。

在太阳系八大行星中，水星最小。水星的半径为 2 440 千米，还不到地球半径的 4/10，比月球稍大一点，体积只有地球体积的 1/20，太阳系内一些大卫星，例如木卫-3 和土卫-6 都比它大。水星的体积和重量大约都是地球的 1/18，因此它们的密度也差不多。具体地说，地球是每立方厘米 5.53 克，水星是每立方厘米 5.48 克。这些数据表明，水星的核心也和地球类似。科学家估计，水星的核心成分主要是铁。"铁核"约占水星总质量的 70% ~ 80%。在"铁核"外面是一层 500 ~ 600 千米厚的硅酸盐包层。

虽然水星密度和地球差不多，但它的表面重力加速度却比地球小得多。地球表面重力加速度是 980 厘米/秒^2，水星只有 363 厘米/秒^2。因此，水星上的吸引力比地球上小得多。在水星表面上，跳高容易，腾飞也不难。只要具有每秒 3.6 千米的速度，就能飞出水星。而要从地球表面飞出，没有每秒 7.9 千米以上的速度是万万不行的。

水星也是不发光的天体，依靠反射太阳光而发亮。用望远镜看水星，它像一个小月亮，也有位相变化，也布满了大大小小的环形山，水星的环形山和内部平地之间的坡度较为平缓，不像月球环形山那样，相互叠错，错综复杂。

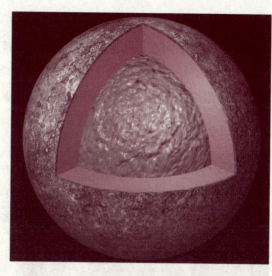

水星内部结构

水星探测

20 世纪 70 年代以后，美国曾发射"水手—4 号"宇宙飞船 3 次观测过水星，发回大量照片。这些照片表明，水星的确很像月亮，也有磁场。水星磁场的发现，曾使科学家们惊讶不止。水星的磁场是它固有的。

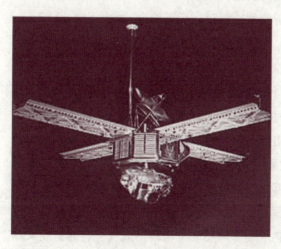

水手—4 号宇宙飞船

当 1974 年"水手—10 号"飞船在水星上空不到一万千米的地方掠过，并送回地球 2 000 多张照片后，我们所掌握的有关水星的知识，便比以前增加了好多倍。这些照片所揭示出的水星表面形态和月亮表面形态极为相近。水星上地形粗糙、荒凉，到处都是坑坑洼洼的环形山，说明水星和月球一样，长期以来就不断地遭受着外来小天体的撞击。像月亮那样，水星也有两个不同形态的半球。一个半球是较扁平的，类似于月球上的高地。其中包括一些平原和有证据表明发生过大量熔岩流的某些区域。另一个半球上多山而多尘埃，有着巨大的受激烈碰撞而形成的环形山。有些环形山的直径达20千米，像月海一样，里面充满了熔岩。

水星2

引人注目的是，在这些环形山的中间，常常夹着一条条巨大的悬崖断壁。其中有的高达3 000米，蜿蜒绵长约500千米。这是月球和火星上都不曾发现过的特殊地貌特征。目前，还没有足够的证据来判明它的成因。地质学家们认为这些宏大的构造，可能是约40亿年前，当水星表面渐渐冷却、收缩时那种淡水星表面发生褶皱的压缩力量造成的结果。另一个不寻常的特征，被人们恰如其分地称为"不可思议"的地形。这就是面积为5 800平方千米，其中包含有小山以及侧壁已经坍塌的陨石坑。这个地貌形态恰好同位于另一个半球上的叫做卡洛利斯的盆地相对。后者的直径大约为1 300千米。这两种特殊的地貌形态的位置暗示，它们之间可能存在着因果关系。地质学家们认为，造成卡洛利斯盆地的流星或小行星极为猛烈地撞击了水星；可能使非常巨大的震波，穿过了整个水星。在这种震波的能量集中之处，即在沿水星直径和撞击点相对应的球面上那一点，这种振波造成了现在的"不可思议"的地形。

虽然水星和月亮的表面十分相似，但其内部密度差异很大。月亮的平均密度为水的3.34倍。这说明月亮主要是由岩石性物质组成。而相比之下，水星的密度是水的5.4倍，这一事实再加上水星上存在一个行星磁场，表明水星可能像地球那样，有一个金属核心。

航天器上的紫外光度计还测到水星有一层非常稀薄的大气，它的密度大约等于地球大气密度的3‰，气压值相当于地球上空50千米处的大气压力，而构成这层大气的成分和地球大气的成分很不相同，主要是氦、氢、氧、氩、氖、氙等元素。许多天文学家认为：水星过去可能也和月球一样，曾经有过一段大气密度较大的时期。但由于水星质量小、引力小，运动的物体只要达到每秒3.6千米的速度就可以脱离水星。这个数值约为地球脱离速度的1/3。同时，水星的日照面温度又那么高，许多大气分子很容易达到这个速度。因此，日久天长也就逐渐跑掉了。

水星坑洞

航天器送回的照片表明，水星上的环形山几乎没有因大气风化造成的痕迹。这似乎意味着：早在环形山形成之前，水星的大气已经相当稀薄了。

高温、严寒、没有水、极为稀薄的大气，这些条件加在一起，使水星完全成了一个荒漠千里的死寂世界，几乎可以肯定，没有任何生命或生命痕迹存在，除了那繁星点点的天空以外，什么也没有。

航天器送回的大量资料告诉我们：水星太不适宜于人类活动了。因此，从当前宇宙航行的技术水平来说，人类要飞到这个星球上去，虽然并不是十分困难的事，但到目前为止，人们似乎还没有把它列为近期的目的地之一。不过，将来总有一天，人类必定还是要涉足其上的。

知识点

远日点

行星、卫星、小行星和彗星的绕日运行轨道离太阳最远的那一点。轨道离太阳最远的一点；单词"远地点"（apogee）用于绕地球公转时的最远点，单词apoapsis用于绕其他星体公转时的最远点（与近日点相对）。

根据开普勒定律，地球是在椭圆轨道上绕太阳公转的，太阳在椭圆的一个焦点上，这样就出现了近日点和远日点。以太阳为焦点，地球运动单位时间扫过的面积相等。

当天体轨道为椭圆时，该天体仅有一个远日点。

当天体轨道为双曲线或抛物线时，没有远日点。

地球上远日点时间：七月初地球离太阳最远，为152 100 000千米，在远日点地球公转速度较慢。北半球为夏季，南半球为冬季。

延伸阅读

宇宙飞船（英语名为space ship），是一种运送航天员、货物到达太空并安全返回的一次性使用的航天器。它能基本保证航天员在太空短期生活并进行一定的工作。它的运行时间一般是几天到半个月，一般乘2～3名航天员。

世界上第一艘载人飞船是前苏联的"东方"1号宇宙飞船，于1961年4月12日发射。它由两个舱组成，上面的是密封载人舱，又称航天员座舱。这是一个直径为2.3米的球体。舱内设有能保障航天员生活的供水、供气的生命保障系统，以及控制飞船姿态的姿态控制系统、测量飞船飞行轨道的信标系统、着陆用的降落伞回收系统和应急救生用的弹射座椅系统。另一个舱是设备舱，它长3.1米，直径为2.58米。设备舱内有使载人舱脱离飞行轨道而返回地面的制动火箭系统，供应电能的电池、储气的气瓶、喷嘴等系统。"东方"1号宇宙飞船总质量约为4 700千克。它和运载火箭都是一次性的，只能执行一次任务。

至今，人类已先后研究制出3种构型的宇宙飞船，即单舱型、双舱型和三舱型。其中单舱式最为简单，只有宇航员的座舱，美国第一个宇航员格伦就是乘单舱型的"水星号"飞船上天的；双舱型飞船是由座舱和提供动力、电源、氧气和水的服务舱组成，它改善了宇航员的工作和生活环境，世界第一个男女宇航员乘坐的前苏联"东方号"飞船、世界第一个出舱宇航员乘坐的前苏联"上升号"飞船以及美国的"双子星座号"飞船均属于双舱型；最复杂的就是三舱型飞船，它是在双舱型飞船基础上或增加1个轨道舱（卫星或飞船），用于增加活动空间、进行科学实验等，或增加1个登月舱（登月式飞船），用于在月面着陆或离开月面，前苏联/俄罗斯的联盟系列和美国"阿波罗号"飞船是典型的三舱型。联盟系列飞船至今还在使用。

金 星

金星是八大行星中距离地球最近的行星，最接近地球时只相隔4 100万千米，仅比月亮稍远一点，是第二颗最靠近地球的天体。离地球最远时是2.6亿千米。由于离地球近，所以它的视亮度很亮，最亮时达到负4.4等星，除太阳和月亮外，天空中再没有比它更亮的星了。全天最亮的恒星是天狼星，金星比天狼星还亮13倍。

"戴着面纱"的近邻

金星是距地球最近的一颗内行星，人们常常把它叫做地球的近邻。的确，当它在水星和地球间、围绕太阳运行的轨道上，走到距我们最近时，相距只有4 100万千米。约等于它距太阳的平均距离（1.08亿千米）的一半还少一点。

从17世纪初，人类开始用望远镜观测星空时到现在，几个世纪过去了，解决了天空中许多

金 星

秘密的光学望远镜，却无法解开金星之谜。天文学家们只看到金星被一层黄色积云包得严严实实，就像戴着一幅面纱那样，谁也说不清它那厚厚的云层下面究竟都有些什么东西。

长时期耐心地观测，人们终于知道，金星的半径为 6 056 千米，比地球稍小一点，体积等于地球的 87%，质量为地球的 82%，表面重力约为地球的 90%。这些数据从不同的侧面告诉我们，金星和地球就像一对孪生姊妹那样，各方面都非常相似。特别是当 1761 年发现它的周围和地球一样，也有一层稠密的大气后，这就更加使人怀疑，莫非它真的是又一个地球吗？

奇特的转动

金星是离太阳第二颗近的大行星，到太阳的平均距离不到 1.1 亿千米，只比水星远，比地球近。它在轨道上的运行速度比水星慢、比地球快，具体说来，以每秒 35 千米的速度绕太阳运行，224.7 天绕太阳公转一圈。

金星公转的轨道与地球不同，它的轨道特别圆，是八大行星中最接近正圆的一个行星，其偏心率只有 0.006 8，相比之下，地球的轨道还算扁的。

金星凌日

金星是一颗内行星，它在绕太阳公转的时候，有时会走到太阳和地球之间。在这个时候，人们会看到它从太阳圆面上掠过，这就是金星凌日。金星凌日是测定太阳视差的极好时机，在 20 世纪以前，人们常常用它来测定太阳视差。

除了绕太阳的公转，金星有没有自转呢？它自转的情况又是怎样的呢？

直到 1960 年，射电天文望

远镜的微波束才告诉我们：金星也在自转，但令人惊奇的是它的自转非常缓慢。自转一周需要 243 个地球日，几乎和它围绕太阳公转一周（224.7 个地球日）的时间相等。把这两种运动结合起来，就是说金星上的一天等于地球上的 243 天，或者说，每隔 118 个地球日太阳才升起一次。这时，人们才知道，金星上的一切都不是用地球的标准可以比拟的。当然，更不会出现地球上的种种景象了。

雷达进一步揭示出有关这颗令人惊奇的行星的另一个神秘之处——金星的自转是自东向西"逆转"的，并且自转的非常缓慢。地球上认为永远不会出现的事情"太阳从西边出来"，在这里却是真理。即若从北俯视，它是按顺时针方向自转的。金星的自转周期为 243 天，比金星绕日公转周期长 18.3 天。金星逆行自转的一个奇怪的特点是，每当金星处于下合时（它在地球与太阳之间），它总是以同一个球面

射电天文望远镜

朝向地球。这个事实似乎表明，金星恰恰好像是月亮那样，被地球的潮汐力量作用于同步自转的方式之中。可是，据金星与地球的距离推断，能起此种作用的引力，好像不足以大到能起到这样的效果。所以，这种现象仍没有得到充分的解释。

探测器的贡献

金星大气严密地遮住它的面容。在地球上用再大的望远镜也难看到金星表面的细节。光谱学出现以后，曾经根据光谱发现金星大气中有大量的二氧化碳。利用红外光测出金星大气外面不论是白天还是黑夜，温度都在零下 35℃

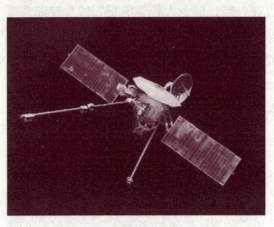

金星探测器

左右。近年来，对金星所进行的射电天文研究表明金星表面温度高到380℃！

这些对金星点点滴滴、极不全面的认识，直到人类的航天器穿过金星云层后，才有了重大的突破，第一次向人们揭示了这个古怪行星的种种奥秘。

1978年，降落在金星上的航天器，向地球送回了一批十分清晰的金星地表照片。从这些全景照片上看来，金星是一个没有液态水的死寂世界，一片片凌乱的大石块、布满砂砾的荒凉平原、宽大的火山口、纵横交错的深沟以及一条条显然比火星上的山脉低得多的山地，使我们好像又看到了一个月球。所不同的似乎没有月球上那些引人注目的环形山。金星表面虽然也有一些山脉或山岭，但都不太高大。

根据观测资料，科学家们认为，由于金星表面温度很高，那里不可能有河流、湖泊和海洋存在。在那里也没有磁场和辐射带。

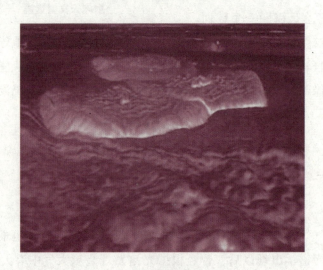

金星表面

空间观测还指出，金星表面上大部分地区覆盖着薄薄的一层物质，它们的平均密度每立方厘米只有 1.2～1.9 克，厚度在 1 米以下。在这层物质下面便是岩石。金星的外壳大部分是由玄武岩组成的，一些带有尖锐棱角的年青岩石（很少风化的岩石），还含有 4% 的钾，2×10^{-6}（十万分之二）的铀和 6.5×10^{-7}（百万分之六点五）的钍。放射性元素的混合物与地球上花岗岩内所含的非常相似。

金星的云层是由高度浓缩的硫酸组成的奇特的"硫酸云"，而不像地球的云层主要是由水滴和冰晶组成的。金星云层为什么会有这样大量的硫酸？目前还没有找到一个完满的答案。

探测器也对金星大气 64 千米厚的局部范围进行了化学分析。结果发现，金星的大气，比地球大气厚 100 倍，金星表面的大气压约为地表大气压的 100 倍。下层主要为二氧化碳，高层则以氧原子为主。其中二氧化碳占整个大气成分的 97%；氮只占 2%，氧则不超过 1‰。

金星的大气层经常处于一种急速而复杂的运动之中。大气环流结构比地球大气复杂得多。金星的大气层大约以每秒 100 米的速度环绕金星运动，差不多比金星自转速度快 50 倍。似乎整个大气层都以很高的速度在运动，几乎每 4 个昼夜就环流金星一周。

最近的一次雷达图像显示，金星上有个巨大的撞击盆地；其面积约为 1 000 千米 × 1 600 千米，大小略等于加拿大的哈得逊湾。这个形态可能是金星在过去和一个质量很大的天体相撞所留下的伤疤。

这说明金星可能是经历了大规模的构造活动。已经发现在金星表面上有一条长 1 400 千米，宽 150 千米的一个巨大的裂痕。地质学家们认为，这个裂隙可能是构造运动的力量把金星表层拉

金星结构

开而造成的结果。

金星的构造活动的另一些迹象包括雷达照片所显示的看起来好像是巨大火山的那些构造。一个大小约等于俄克拉荷马州的宽阔而明亮的区域也能从最近的雷达照片中看到，它可能是火山的熔岩流。它似乎是一种相当新的形态，位于古老地形之上。这显然表明金星内部的火山活动是其近期构造运动的一部分。这也暗示，金星地质活动性可能远比人们过去以为的更强烈。

最热的行星

因为金星和太阳的平均距离仅约等于地球和太阳的平均距离的70%，所以金星应比地球接收到更多的来自太阳的辐射能。

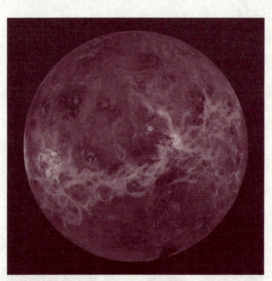

金星2

很久以前，人们就根据光谱发现金星大气中含有碳酸气。此后在一个很长时期内，有关金星的知识积累得不多。直到20世纪60年代，天文仪器和光谱方法日臻完善，才有可能利用地面望远镜观测，发现金星大气中还含有少量的其他气体。这些气体是水气、一氧化碳、氯化氢和氟化氢等。但是利用地面观测发现其他气体的能力是很差的。1978年12月，探测器登陆金星后的观测结果指出，金星大气中氮的含量占4%，惰性气体氩、氖、氦以及硫化物的含量极微。

金星上空有浓密的云层。这些飘浮在金星上空的云层，最低的高度在47～48千米，云层吸收太阳光线能力很强。由于金星大气层中，主要成分是二氧化碳，所占的比例达93%，在低层大气中甚至可达99%。浓密的二氧化碳导致温室效应非常显著，所以金星表面的温度特别高。

航天器上的仪器测得，在这个被密云覆盖的星球上，温度高达485℃，这是迄今知道的太阳系中温度最高的一个行星，足以使铅、锡等金属熔化。

古海之谜

现代科学已经证实，金星是个奇热、无水，干旱到了极点和没有任何生命的世界。但是，仍然有很多人认为，过去金星有过波涛汹涌的大海洋，只是后来才消失的。是这样吗？这个谜般的问题在科学家中间是颇有争议的，一直都有科学家对此问题有浓厚的兴趣。

被称作金星"古海"里的水，究竟哪里去了呢？认为金星过去有海洋的人，曾提出过这么几种可能性：

（1）海洋大量蒸发，水蒸气被太阳分解为氢和氧两种气体，氢由于太阳风的影响等原因，逐渐逃逸到宇宙空间去；

（2）金星曾在早期的某个历史阶段，从体内向外散发出大量的像一氧化碳那样的气体，这些气体比较容易与水发生作用。可以想得到，在这类作用的过程中，大量的水被一批又一批地消耗掉；

（3）从金星内部喷发出来的岩浆的温度，一般都达到炽热的程度。水与岩浆特别是其中的铁等相互作用而大量消耗；

（4）与地球一样，金星表面大量的水原先也是从自己体内来的，由于某些人们还不太清楚的原因，这些水又回到了金星内部去。

这类解释没有得到大家的承认。如果事情真是这么简单的话，那么，使金星表面大量水消失的原因，同样可以成为使地球上的水不复存在的原因。

为什么地球上依旧有那么多的水呢？

有人认为：现在金星上的水，很少有机会到达大气的上层，因此不会遭到分解和被"迫"逃到空间去；即使按现在水分消耗的速度来考虑，在太阳系的全部漫长历史中，金星也根本不可能失去那么大量的水。

不承认金星过去有过海洋的人，对于大气中的少量水蒸气，自有其独特的解释。有一种假说认为：金星最初根本没有海洋，而是个干燥的星球。由于金星没有磁场，太阳风就直接"吹"向金星大气，太阳风所带的氢成为大气中很少量水的来源。可是，金星上不存在大量水的问题就算这样解决了，地球上大量水的来源问题怎么解决呢？为什么地球和金星都在相距不太远的宇宙空间形成，一个是"水"球，而另一个是干燥星球呢？显然这是说不通的。

有人把太阳风换成了彗星，认为彗星所带的水分和冰是金星大气中少量水蒸气的主要来源，并认为几十亿年来，有难以计数的彗星和微彗星撞进了金星大气层。还是同样的问题，为什么从一开始地球和金星上的水量就相差那么悬殊？

金星上面是否存在过大海？如果存在的话，它们又是如何消失的呢？这类问题有待进一步观测、探讨、研究、分析。

我们必须认识到，金星古海之谜并不是一个纯理论问题，而具有非常重要的现实意义。金星大气中二氧化碳成分的增加，再加上"温室效应"的作用，使得金星成为生命的"禁区"。回头看我们地球的话，地球上的二氧化碳最低限度不少于金星，只是它们都被禁锢在各种岩石中。金星向我们提出的警告是：千万不能由于大量燃烧石油、煤炭和其他燃料，而无节制地增加大气中的二氧化碳含量；千万不能让大气中含太多的二氧化碳，产生像金星那样的"温室效应"，致使岩石中的二氧化碳释放出来；千万不能使得大气中二氧化碳含量与地球表面温度持续上升之间，形成致命的恶性循环，不论是现在还是将来！

金星上的城市遗迹

1989年1月，前苏联发射的一枚探测器终于穿过了金星表面浓厚的大气层，通过对其发回照片的科学分析，科学家们惊奇地发现，金星地表原来分布有2万座城市的遗迹。

关于金星的这一最新秘密，是前苏联科学家尼古拉·里宾契诃夫在布鲁塞尔的科学研讨会上披露的。

在这次会议上，里宾契诃夫说："那些城市全散布在金星表面，如我们能知道是谁建造了它们就好了，……我们绝对无法在金星上生存片刻，但一些生物却做到了——并留下了一个伟大的文化遗迹证明它。"

"那些城市以马车轮的形状建成，中间的轮轴就是大都会所在。根据我们估计，那里有一个庞大公路网将它们所有城市连接起来，直通它的中央。"

不久，美国发射的探测器也发回了不少有关金星地表城市建筑遗迹的照片。经过科学的处理、辨认、分析，科学家们确认，那 2 万座城市遗迹完全是由"三角锥"形金字塔状建筑组成的，每座城市实际上是一座巨型金字塔，这 2 万座巨型金字塔摆成一个巨型的马车轮形状，其间的辐射状大道连接着中央的大城市。

研究者们认为，这些金字塔形的城市可以日避高温，夜避严寒，再大的风暴对它也无可奈何。

1988 年，前苏联宇宙物理学家阿列克塞·普斯卡夫宣布说，在金星地表也发现了像火星上那样的人面形建筑。

这是不是意味着这两个星球有某种特殊的联系呢？

早在 1973 年，前苏联天文学家谢尔盖·罗萨诺夫教授提出了飞碟来自金星的假设，他说："金星人数世纪来，就生活在金星地表下面，在那里，金星人构筑了真正的地下城，在人造环境中生存繁衍。金星上大气被毁坏，动物和植物被污染致死，金星因为金星人的文明发展走入歧途而失去了控制的缘故，后来，金星人慢慢地开发了他们的地下，在那里种植作物、饲养动物，制造大气和必要的热量。他们利用了原子能，但在地面留下了数以百万计的尸体，也许金星 3/4 的人口都死于核爆炸。既然金星人已取得了核力量，那么很难设想他们至今会不了解我们的存在。我个人认为，不时地出现在地球表面的飞碟是金星人派来侦察的飞行器"。

在金星的城市废墟下面，在金星地下是否真正还活着金星人，谁也无法确认，外星人把金星作为飞碟基地，那更是无法确定的。因此，我们对金星人的寻访工作还并没有完成。我们也还不能够明确地肯定或否定金星生命及其文明世界的存在。因为在我们古老的神话传说或经典记载里，在遥远古老的洪荒时代，金星人就曾经来访问过我们地球，并且留下了许多他们殖民地球的历史遗迹。

知识点

星　等

　　星等是天文学上对星星明暗程度的一种表示方法，记为 m。天文学上规定，星的明暗一律用星等来表示，星等数越小，说明星越亮，星等数每相差 1，星的亮度大约相差 2.5 倍。天空中有一等星 20 颗，二等星有 46 颗，三等星 134 颗，四等星共 458 颗，五等星有 1 476 颗，六等星共 4 840 颗，共计 6 974 颗。

　　整个天空肉眼能见到的 6 000 多颗恒星。将肉眼可见的星分为 6 等。肉眼刚能看到的定为 6 等星，比 6 等亮一些的为 5 等，依次类推，亮星为 1 等，更亮的为 0 等以至负的星等。例如，太阳是 −26.7 等，满月的亮度是 −12.6 等，金星最亮时可达 −4.4 等。星等差 1 等，其亮度差 2.512 倍。1 等星的亮度恰好是 6 等星的 100 倍。

　　星星亮度的等级最早是由希腊天文学家依巴谷（Hipparchus）于公元 2 世纪时创立的。他把天上最高的 20 颗星定为 1 等星，再依光度不同分为 2 等星、3 等星，如此类推到 6 等星。直到 1850 年英国天文学家扑逊（Pogson）加以制定其标准，他以光学仪器测定出星球的光度，制定每一星等间的亮度差为 2.512 倍（基本上是定义 1 等星的亮度为 6 等星的 100 倍，而其五次方根为 2.512，即是 $(2.512)^5 = 100$）。而比一等星还亮的星是 0 等；再亮的则用负数表示，如 −1，−2，−3 等。

　　天空中亮度在 6 等以上（即星等数小于 6），也就是可以看到的星有 6 000 多颗。当然，同一时刻我们只能看到半个天球上的星星，即 3 000 多颗。满月时月亮的亮度相当于 −12.6 等（在天文学上写作 −12.6m）；太阳是看到的最亮的天体，它的亮度可达 −26.7m；而当今世界上最大的天文望远镜能看到暗至 24m 的天体。

温室效应

温室效应（英文：Greenhouse effect），又称"花房效应"，是大气保温效应的俗称。大气能使太阳短波辐射到达地面，但地表向外放出的长波热辐射线却被大气吸收，这样就使地表与低层大气温度增高，因其作用类似于栽培农作物的温室，故名温室效应。自工业革命以来，人类向大气中排入的二氧化碳等吸热性强的温室气体逐年增加，大气的温室效应也随之增强，已引起全球气候变暖等一系列严重问题，引起了全世界各国的关注。

大气能使太阳短波辐射到达地面，但地表向外放出的长波热辐天然气燃烧产生的二氧化碳，远远超过了过去的水平。而另一方面，由于对森林乱砍滥伐，大量农田建成城市和工厂，破坏了植被，减少了将二氧化碳转化为有机物的条件。再加上地表水域逐渐缩小，降水量大大降低，减少了吸收溶解二氧化碳的条件，破坏了二氧化碳生成与转化的动态平衡，就使大气中的二氧化碳含量逐年增加。空气中二氧化碳含量的增长，就使地球气温发生了改变。

如果二氧化碳含量比现在增加一倍，全球气温将升高 3℃ ~ 5℃，两极地区可能升高 10℃，气候将明显变暖。气温升高，将导致某些地区雨量增加，某些地区出现干旱，飓风力量增强，出现频率也将提高，自然灾害加剧。更令人担忧的是，由于气温升高，将使两极地区冰川融化，海平面升高，许多沿海城市、岛屿或低洼地区将面临海水上涨的威胁，甚至被海水吞没。20 世纪 60 年代末，非洲下撒哈拉牧区曾发生持续 6 年的干旱。由于缺少粮食和牧草，牲畜被宰杀，饥饿致死者超过 150 万人。

这是"温室效应"给人类带来灾害的典型事例。因此，必须有效地控制二氧化碳含量增加，控制人口增长，科学使用燃料，加强植树造林，绿化大地，防止温室效应给全球带来的巨大灾难。

地　球

　　地球是人类世世代代生活的故乡，从远古时代开始，人们就在想尽各种办法了解这个令人有点"莫明其妙"的家乡了。为什么陆地上高山连绵、江河奔流？为什么有无边无际的大海、波浪滔天？为什么寒来暑去季节如期更换？为什么黑夜白昼定时更替从不间断？为什么……这些为什么，经过了几千年的摸索，一直到近百年才逐渐搞清楚。当然，直到现在，我们还不能说对地球的一切都已经了如指掌了，不过，与其他星球相比，恐怕是知之最详的了。

地球形成

　　大约 46 亿年以前，地球由星际尘埃物质积聚形成时，仅仅是一团温度很低、密度不大的团聚物，我们把它叫做原始地球。原始地球的周围也有一层以氢和氦为主要成分的大气，不过由于地球初期的引力还非常小，在太阳风的冲击下，很快就被"吹"得无影无踪了。这时，地球又完全裸露在宇宙空间之中，无论从哪个角度来看，那时的地球都不能和现在的地球相比。

　　若干年以后，由于地球自身收缩而产生的引力能以及放射性物质的蜕变，内部温度不断增高，当内温达到 1 500℃ ~ 2 000℃ 左右，超过了铁的熔点时，原始地球发生了一次极为重要的分化和改组。密度较大的铁和它的伴生元素沉向地球中心，形成一个致密的地核。一些较轻的元素，如钾、钠、硅、铝以及被"挤"出来的放射性元素铀和钍等则浮向上部，分化成地幔和地球的外壳。经过这场大规模的元素迁移，最终把地球分成了 3 个圈层——地壳、地幔和地核。这种内部增温的结果，不仅分化了地球的层次，而且促进了火山活动和地壳表面的造山运动。这些巨大的变迁，为最终塑造出今天人们见到的各种地貌形态奠定了最原始的基础。随着这些巨大的变迁，一直被禁锢在地球物质中的各种气体也大量泄溢出来。由于这时地球的引力已增加到足以"拉"住它们，因此，除了最轻的元素，如氢、氦等还是照样"逃之夭夭"之外，一些如甲烷、氨和水汽等再一次在地球的外层围聚成一个原始大气圈。这时的大气层是无氧的，它的基本成分和现在的天王星、海王星的大气差不多。

在距今约37亿~22亿年以前，即地质历史上所称的"太古代"，逐渐变冷的地表，使大气层中的水汽开始凝结成雨，不断落向地面。同时，强烈的火山活动形成的岩浆喷发，也释放出大量的水汽，这些水分后来都积聚在地表比较低凹的部分而形成了江河湖泊和广阔的海洋。从此，地球上出现了孕育生命的摇篮——水。那时的海洋面积比现在更加广阔得多，除了一些规模不大的岛屿突出在海面上以外，地球上到处都是深浅多变的海水。

随着降雨和河流搬运而来到海洋中的各种无机盐类和有机物，经过复杂而频繁的接触，一些如氨基酸、蛋白质、核酸等原始有机体在海洋中出现了。到了距今约20亿年前的元古代，一些温暖的海水里，出现了藻类样的极为低等的植物，这个划时代的跃进，使地球从此跨入了有生命的崭新的世界。

也许人们会问：为什么在太阳系中，只有地球演进出生命呢？这个涉及天体演

地球的形成

化的复杂问题，迄今还是许多科学家正在探索的目标。近10年来，随着宇航技术的发展，人类已经开始到其他星球上去寻找答案了，不断飞向金星、火星、土星、木星……的探测器，其中一项重要的任务就是要弄清楚其他行星的各种条件，对照一下为什么走上了和地球完全不同的道路。航天器送回的资料告诉我们，火星上似乎也有过水，甚至还出现过河流的痕迹。有的科学家还怀疑它也出现过类似地球几亿年前的那种自然环境。如果真是这样，为什么一下子全都烟消云散了呢？这些与地球光、热条件相差不大的星球，究竟是否为昨

天的地球，今后还会慢慢赶上来吗？还是明天的地球，给我们展示了一个可怕的前途？这些悬而未决的棘手问题，正等着人们去寻求一个圆满的答案。

地球形状

地球是什么形状的？

对于这个问题，古人凭着直观感觉，认为天是圆的，地是方的，天像一顶帽子罩在大地上空。

但是，古希腊人认为地球是圆的。公元前350年左右，亚里士多德曾经证明地球是圆的，他的证据是：一个人从南向北或从北向南行走时，总有星星在他前面地平线上升起来，同时也一定有星星在他身后没入地平线；在大海里航行的船只，向我们驶来时，总是先见船桅，后见船身，离我们远去时，总是船身先没，船桅后没；在月食的时候，不论月亮在什么位置，月面上的地球影子总是圆的。

可是在很长的时间内，地球是圆形的观点不能为人们所接受。在欧洲最黑暗的中世纪，教会势力很大，道院很风行，连世袭的国王都要听命于它。教会认为大地是平坦的，谁还敢说地球是圆的？

但是，生产的发展和科学技术的进步，毕竟能开阔人们的眼界。16世20年代，麦哲伦完成了环绕地球的旅行。环球旅行的成功，使人们的认识能力大大提高了一步。因为这从实践上证明了地球是圆形的。

1673年，一个意外的现象使人们对地球形状的认识前进了一大步。这一年，一支法国考察队到南美洲北岸靠近赤道的地方去考察。到了南美洲后，他们发现，带去的摆钟比在法国变慢了，一昼夜慢了2分28秒。

这一现象被英国科学家牛顿知道后，很快就根据万有引力定律和钟表定律，意识到这是欧洲和赤道附近地球对地面物体吸引力不同的缘故。越靠近赤道，地球对地面物体的吸引力越小。这就是说，越靠近赤道，物体转得越快，地面凸出越多，地球的半径也就越大。由此看来，地球不是一个规则的球体，而是赤道地区鼓出了一点。后来的测量表明，这一推测是正确的。

精确测量指出，地球的赤道半径是6 378千米，极半径是6 357千米，两者相差 21 千米。

空间科学出现以后，首先提到议事日程上的便是测量地球的形状。美国的"先锋 1 号"和"先锋 2 号"都测量过地球的形状。过去，曾有人说地球像鸭梨或鸡蛋，在宇宙飞船上看，它们都不像，而像一个很圆的球。不过，这个球不是很规则的，而是有的地方鼓出来，有的地方凹下去，并且赤道两边鼓出的部分也不相同。赤道以南某些地点鼓出的程度比赤道以北一些地点高 7.6 米，而南极到地球中心的距离比北极还短 15.2 米。

地 球

因此，地球既不是规则的圆球，也不像鸭梨和鸡蛋，而是近乎球形的不规则球体。

地球数据

地球是围绕太阳运转且距太阳较近的第三颗行星，如果按大小来说，在太阳系大家族中排行老五。

地球在距太阳平均约 1.5 亿千米的椭圆形轨道上绕太阳公转，每年运行一圈。地球在轨道上位置不同，运行的速度不相同，平均速度是每秒 29.8 千米。地球在轨道上位置不同，到太阳的距离也不相同。每年 1 月 3 日前后，日地距离最短，等于 14 710 万千米，这一点叫做近日点。每年 7 月 4 日左右，日—地距离最长，等于 15 210 万千米，这一点叫远日点。

地球的自转轴线与公转轨道平面之间有一个 66°33′ 的倾斜角。这和我们用铅笔写字时笔与纸的角度差不多，并且地轴几乎始终对着北极星。因此，南北半球受太阳照射的情况都在不断变化，当北半球朝向太阳，太阳光直射北回归线附近时，北半球获得的热量多，就是夏天，南半球刚好是冬天。当地球运转到轨道的另一侧时，南半球又朝向太阳，变成夏天，这时北半球就成了冬天。这就是一年四季的由来。因此，我们说，正是地球绕日公转和地轴倾斜这两个因素，构成了地球上的四季更替。

地球在公转的同时，还像陀螺一样，一刻不停地在由西向东自转。自转一周需要 23 时 56 分 4 秒，正是这种自转带来了昼夜交替，我们称为一天。自转的结果，使地球和其他行星一样，并不是一个标准的正球体，而成为两极扁平、赤道部分略为突出的椭球。作为地球上的某一固定点来说，这种自转，在地面上产生的线速度是非常惊人的，在赤道上达到每秒钟 464 米，它所造成的惯性离心力，使地球上出现好多相应的奇怪现象，比如，在北半球，所有的河流总是右岸比左岸冲刷得厉害一些，甚至双轨铁路的右轨也比左轨磨损得快等等。过去，很长一段时间里，人们不知道这是为什么，后来终于知道了，这正是地球自转造成的。如果我们向深井的中心投下一个石子，这时发现，石子决不会竖直掉下去，一定会偏向井底的东侧。并且每下降 100 米，就向东偏 32.5 毫米。

从大小、质量来看，地球在八大行星中恐怕是测量得最精确的了，由于人造卫星测量的精度已经达到使纽约至伦敦间的距离误差不大于 100 米，因此，人们现在准确地知道，地球的平均半径为 6 378 千米。知道了半径，也就知道了地球的赤道周长为 40 075.696 千米，从而算出地球的总面积约 5.1 亿平方千米。根据万有引力定律，地球的“重量”已称得相当准确了——60 万亿亿吨。从这些数字来看，地球在太阳系的行星中，除了水星、金星和火星以外，其他行星都比它大得多。

地球结构

在地球 5.1 亿平方千米的表面积上，陆地面积只占 29.2%，还不到 1.5 亿平方千米，而 70.8% 的面积都被海洋占据着。陆地面积的 1/5 是沙漠或半沙漠。

世界上最高的地方是我国与尼泊尔边界上的喜马拉雅山脉主峰珠穆朗玛

峰，高出海平面 8848 米，被称为世界屋脊。太平洋西部的马里亚纳海沟是地球上最低的地方，低于海平面 11 022 米。

20 世纪末，科学家利用地震时发出来的地震波，确定了地球的密度，根据这个密度推算出地球内部物质分布情况，从而提出了大家公认的地球内部结构：在地球核心部分是密度大于每立方厘米 8 克的地核；在地核上面是一层密度为每立方厘米 3～4 克的地幔；在地幔上面便是由岩石组成的地壳。

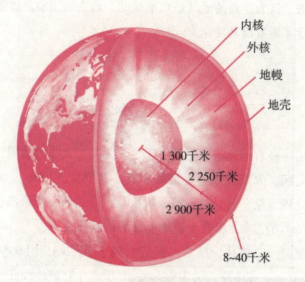

内核
外核
地幔
地壳
1 300 千米
2 250 千米
2 900 千米
8～40 千米

地球结构

地壳是地表之下的一个薄层，平均厚度 30 多千米，有的地方厚，有的地方薄。在青藏高原上，地壳厚到 65 千米以上，而在海洋底下，只有 5～8 千米。地壳的表面由岩石和土壤组成，这是一个岩石圈。用放射性方法测定，构成地壳的岩石年龄不到 20 亿年，而地球年龄已经 46 亿年了。这表明，现在的地壳不是原始的地壳，而是后来形成的。具体地说，是地球内部物质通过火山爆发和造山运动形成的。

从地壳内边缘至离地面大约 2 900 千米的深处是地幔。它也呈固体状态，也是岩石组成的。这是地壳和地核之间的过渡层，密度也带有过渡性质：在地壳附近是每立方厘米 3.3 克，而在地核处则是每立方厘米 5.6 克。温度由表及里逐渐升高，在地壳附近是几百摄氏度，到地核处变成了 4 000 多℃。

地核是地球的核心区域。这里是一个高温高压世界。地核边缘的温度在

4 000℃左右，核心地方，温度高到 5 000℃～6 000℃。压力在 374 810 万百帕以上。根据地震波分析，地核外层可能是液态，中间可能是固态。地核的体积虽然只占地球总体积的 1/6，但质量却占地球质量的 3/10 以上，因此，这里的密度很大，和汞差不多，很可能是由铁镍等元素组成的。由于高压，这些物质被压缩得很紧。

地壳在不停地运动着。以前一直认为地壳主要是上下运动，近年来人们改变了原来的想法，认为主要的运动是水平运动。地壳的运动是缓慢的，只有用地质年代来衡量才能看出其变化。

地球大气

地球大气是一种看不见、摸不到、无色、无臭、无味的透明气体，从地面延伸到广阔的空间。大气成分主要是氮和氧，其中氮占 78%，氧占 21%，其他如氩、二氧化碳、氖、氦、氙、氪、氢以及水蒸气等，含量都很少。大气层总重量约是 6 000 万亿吨，相当于地球重量的百万分之一。

地球大气层是一个整体，虽然占据的空间十分广阔，但 99% 的大气都几乎集中在离地面几十千米高的范围内。

大气是生命存在的必要条件，人类呼吸需要的氧，工厂生产需要的氧，植物光合作用需要的二氧化碳，都是从空气里取得的，没有空气便没有生命。但对天文观测，地球大气却是有百害而无一利。注意观测一下天空，就会发现一些有趣的现象：天上的星星在不停地闪烁；有时望远镜里的星星在"颤抖"；太阳和月亮在地面附近发红；地面附近

地球大气层

宇宙射线

50千米

同温层臭氧

同温层

珠穆朗玛峰

对流层

10千米

的星星比天顶少；有时还会有几个太阳同时出现在天空等等。这些现象都是地球大气耍的把戏。

在地球的大气层里，与人类生活密切相关的一层位于地球表面附近，厚度在 10～12 千米左右，这一层叫做对流层。这是大气密度最大的地方，大约 4/5 的大气集中在这里。这里既是生命活动的氧气主要供给地，又是晴阴、雨雪、风、云、雷、电变化的舞台。

位于对流层上面并与对流层为邻的是平流层，又名同温层。因为在这一层里，大气的流动形式主要是水平流动，所以叫它平流层。

平流层范围从对流层顶向上直至离地面约 50 千米的高度。在这一层里，大气的垂直对流不强，多为平流运动；大气中只有少量的水汽，但包含了大气臭氧层中臭氧的主要部分，水汽和臭氧在辐射平衡中起着作用；大气中尘埃的含量很小，大气透明度很高。

平流层温度的铅直分布与对流层不同，从对流层顶起，有一个温度随高度不变或随高度变化很小的层次，称为同温层；在 25 千米以上，温度随高度迅速增加，升温率约每千米 2℃，到 50 千米附近温度达极大值，约为零下 3℃。这即为平流层顶。这个高温区是由于大气臭氧吸收太阳紫外辐射增温所致。

在地面以上 70～1 000 千米之间是电离层。这是受太阳辐射影响最大的一层。在太阳光中的紫外线和 X 射线的作用下，大气层中的分子和原子被电离成正负离子。其中在 80～100 千米、100～120 千米、150～250 千米和 250～500 千米的地方，电子浓度极大，分别称为 D、E、F 层，F 层又分为 F1 层和 F2 层。电离层能够反射无线电波。地球上能实行远距离无线电通讯，就是靠电离层来反射电波。如果太阳活动激烈，电离层受到巨大影响的话，无线电通讯就会受到影响，甚至会中断。

地球磁场

中国的四大发明之一的指南针为什么能指南北？主要原因是地球具有磁场。地磁场具有南、北两个磁极。南极在北，北极在南，所以指南针总是指南

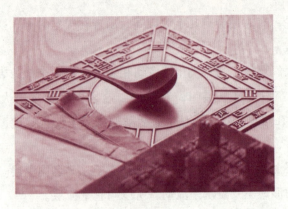

指南针

指北的。

在宋代，杰出科学家沈括在《梦溪笔谈》中记载了一个重要发现：指南针并不完全指向南北方向，磁针所指的方向微微偏东。磁针所指的方向和南北连线所夹的角度，现代称为磁偏角。

磁偏角的存在，说明地球磁场的南、北极同地球的北、南极不是重合在一起的。

地磁场的存在，在地球周围形成一个巨大的磁层区域。这是一个不让太阳风粒子进入的空腔区域。这个区域很大，在向太阳的一面，受到太阳风压缩而向里面凹一点，这一点到地球的距离约等于 10 个地球半径；在昼夜分界面上，到地球的距离约 10～20 个地球半径，在磁层的尾部，由于太阳风作用，被拉得更长。

地磁场有一种特性：能把外面来的带电粒子"抓到"自己身边，这叫俘

沈 括

获。从宇宙中来的带电粒子被俘获后，一边沿着地磁场的磁力线运动，一面向前跑，被送到地磁的南极和北极。被俘获的带电粒子在地磁南极和北极之间回

旋运动，并且不停地发射电磁波。带电粒子这些活动的区域，被称为辐射带。它是美国科学家范·艾伦发现的，所以又叫范·艾伦带。

地球有两个范·艾伦带。位于地面以上 6 000 ~ 12 000 千米之间的叫内辐射带。内辐射带里面的带电粒子能量比较高。另一个辐射带叫外辐射带，高度在 12 000 ~ 24 000 千米之间，里面的带电粒子能量比内辐射带里带电粒子能量低。

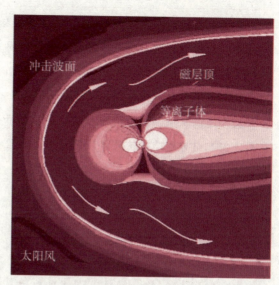

地球磁场

范·艾伦带的发现是空间天文学诞生初期的重要成果，它对弄清地球环境是非常有用的。

知识点

引 力

任意两个物体或两个粒子间的与其质量乘积相关的吸引力。自然界中最普遍的力。简称引力，有时也称重力。在粒子物理学中则称引力相互作用和强力、弱力、电磁力合称4种基本相互作用。引力是其中最弱的一种，两个质子间的万有引力只有它们间的电磁力的 1/1035，质子受地球的引力也只有它在一个不强的电场1000伏/米的电磁力的 1/1010。因此研究粒子间的作用或粒子在电子显微镜和加速器中运动时，都不考虑万有引力的作用。一般物体之间的引力也是很小的，例如两个直径为 1 米的铁球，紧靠在一起时，引力也只有 1.14×10^{-3} 牛顿，相当于 0.03 克的一小滴水的重量。但地球的质量很大，这两个铁球分别受到 4×10^4 牛顿的地球引力。所以研究物体在地球引力场中的运动时，通常都不考虑周围其他物体的引力。天体如太阳和地球的质量都很大，乘积就更大，巨大的引力就能使庞然大物绕太阳转动。引力就成了支配天体运动的唯一的一种力。恒星的形成，在高温状态下不弥散反而逐渐收缩，最后坍缩为白矮星、中子星和黑洞，也都是由于引力的作用，因此引力也是促使天体演化的重要因素。

延伸阅读

《梦溪笔谈》，是北宋科学家沈括所著的笔记体著作。大约成书于1086—1093年，收录了沈括一生的所见所闻和见解。被西方学者称为中国古代的百科全书，已有多种外语译本。

该书作者沈括，生于公元1031年，卒于1095年，字存中，杭州钱塘（今浙江杭州）人，北宋科学家、政治家。1岁时南迁至福建的武夷山、建阳一带，后居于福建的尤溪一带。仁宗嘉祐八年（1063年）进士。神宗时参与王安石变法运动。熙宁五年（1072年）提举司天监，次年赴两浙考察水利、差役。熙宁八年（1075年）出使辽国，驳斥辽的争地要求。次年任翰林学士，权三司使，整顿陕西盐政。后知延州（今陕西延安），加强对西夏的防御。元丰五年（1082年）以宋军于永乐城之战中为西夏所败，连累被贬。晚年以平生见闻，在镇江梦溪园撰写了《梦溪笔谈》。

该书内容包括《笔谈》、《补笔谈》、《续笔谈》3部分。《笔谈》凡26卷，分为17门，依次为"故事、辩证、乐律、象数、人事、官政、机智、艺文、书画、技艺、器用、神奇、异事、谬误、讥谑、杂志、药议"。《补笔谈》3卷，包括上述内容中11门。《续笔谈》1卷，不分门。全书共609条（不同版本稍有出入），内容涉及天文、数学、物理、化学、生物、地质、地理、气象、医药、农学、工程技术、文学、史事、音乐和美术等。在这些条目中，属于人文科学例如人类学、考古学、语言学、音乐等方面的，约占全部条目的

18%；属于自然科学方面的，约占总数的 36%，其余的则为人事资料、军事、法律及杂闻轶事等约占全书的 46%。

就性质而言，《梦溪笔谈》属于笔记类。从内容上说，它以多于 1/3 的篇幅记述并阐发自然科学知识，这在笔记类著述中是少见的。因为沈括本人具有很高的科学素养，他所记述的科技知识，也就具有极高价值，基本上反映了北宋的科学发展水平和他自己的研究心得，因而被英国学者李约瑟誉为"中国科学史上的坐标"。

1979 年 7 月 1 日为了纪念他，中国科学院紫金山天文台将该台在 1964 年发现的一颗小行星 2027 命名为沈括星。简而言之，沈括的《梦溪笔谈》是中国科学技术史上的重要文献，百科全书式的著作。

月 球

月球，我国古时候称太阴，民间叫月亮。它还有几个高雅的名字：素娥、婵娟、嫦娥、玉盘、冰镜……

月球是地球唯一的卫星，哥白尼称它为地球的卫士。自从它诞生以来，在数十亿年的漫长岁月里，它始终与地球形影不离。它是地球唯一的天然卫星。像地球一样，它是一颗坚实的固体星球。它一面绕着地球转，一面和地球一道绕太阳运行。

月球概况

月球是离地球最近的一颗星，平均距离只有 384 401 千米。月球到地球的距离，只有太阳到地球距离的 1/400。

月亮是一个不大的天体，平均直径是 3 476 千米，大约是地球的 3/11。根据它的直径，就能计算它的表面积和体积。月亮的表面积是 3 800 万平方千米，相当于地球表面积的 1/14。月球的体积是 220 亿立方千米，只有地球体积的 1/49。

月球 2

月球质量约等于地球的 1/80，即 7 400 亿亿吨。月球的平均密度为每立方厘米 3.34 克，是地球密度的 3/5，比组成地壳岩石的平均密度稍大一点。

月球表面的重力，只有地球的 1/6。就是说，一个在地面上重 60 千克的人，到了月球上，体重只有 10 千克。

月亮上既无空气又无水，是一片毫无生气的不毛之地。由于没有空气，失去了传播声音和散射阳光的媒介，因此，月亮上听不到声音，见不到蓝天，整天暗黑一片，即使在阳光高照的"白天"，天空依然明星高照。由于没有空气保温，月球的表面温度变化相当剧烈。白天，中午的温度高到 127℃。夜晚，黎明前的温度降到零下 183℃。

公转和自转

月亮在自己的轨道上，围绕地球转了 40 多亿年了。月亮有两种运动：围绕地球的公转和绕轴自转。此外，在地球上看来，还有像其他星星一样的东升西落运动。不过，那不是月亮本身的运动，而是地球自转的反映。

月亮绕地球运行的轨道叫白道。白道是一个椭圆，扁扁的，地球位于椭圆的一个焦点上。白道上距离地球中心最近的一点叫近地点，最远的一点叫远地点。近地点到地球中心的距离是 356 400 千米，远地点到地球中心的距离是 406 700 千米。

天体运行轨道的形状由它的偏心率决定。偏心率大，表示椭圆较扁；偏心率小，椭圆较圆。白道的偏心率是 0.054 9。

除了绕地球公转外，月亮还有自转。月球总是一面朝着朝着地球，说明它的自转周期和公转周期是相同的。

在月球上看太阳，它在空中运行得十分缓慢。因为月面上无法区分年和月，白天和黑夜各长 14.8 天。因此，月亮上的日出和日落的过程是壮观的、漫长的，其过程可长达 1 小时。在日出的时候，东方会出现一种日冕光造成的奇景。另一方面，环形山给月面上造成了犬齿形的"地平线"。这种"地平线"在日出和日落时，也能产生美丽的奇景。这种奇景能保持好几分钟，看了真叫人如醉如痴！

应当指出，月亮并不是严格地一面朝着我们的，如果是这样，我们只能看到50%的月面了，而实际上我们却看到了59%。这9%的月面是月亮在轨道上摇摆的时候看到的。

月球表面

根据现在的认识，月球上是高低不平的，高的是山，凹的是"海"，主要结构有下面几种：

一是"海"。海是指月球上明显的暗黑部分。它们是伽利略首先发现的。1609 年，伽利略用望远镜观测月球时，看到月面上亮的部分是山，就根据地球上有山有水的自然景色，把这些暗黑的部分想象为海洋，并给予"云海"、"湿海"和"风暴洋"之类的名称。实际上，月海是低凹的广阔平原。

现在知道，月面的"海"约占可见月面的2/5。著名的月海共有 22 个，其中最大的是风

月 球

JIEDU WOMEN SHENGGUN DE TIANTI TAIYANGXI

暴洋，面积约500万平方千米。其次是雨海，面积约90万平方千米。此外，月面上较大的海还有澄海、丰富海、危海等。

月面上不仅有"海"，还有"湾"和"湖"。月海伸向陆地的部分称为湾，小的月海称为湖。

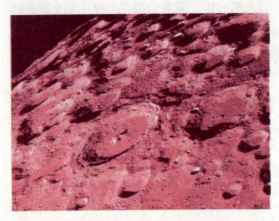

环形山

二是环形山。月面上最明显的特征是环形山。"环形山"来源于希腊文，意思是碗。通常把碗状凹坑结构称为环形山。最大的环形山是月球南极附近的贝利环形山，直径295千米。其次是克拉维环形山，直径233千米。再次是牛顿环形山，直径230千米。直径大于1千米的环形山比比皆是，总数超过33 000个。小的环形山只是些凹坑。环形山大多数以著名天文学家或其他学者名字命名。

环形山是怎样形成的呢？有两种理论。一种认为是流星、彗星和小行星撞击月面的结果；另一种认为是月面上火山喷发形成的。现在看来，这两种方式都可以形成环形山。小环形山可能是撞击而成的，大环形山则可能是火山爆发的结果。

除"海"和环形山外，还有险峻的山脉和孤立的山。月面上的山有的高达8千米。它们大多数是以地球上山脉的名字命名的，例如亚平宁山脉、高加索山脉和阿尔卑斯山脉等。最长的山脉长达1 000千米，高出月海3~4千米。最高的山峰在南极附近，高度达9 000米，比地球上的珠穆朗玛峰还高。

三是月面辐射纹。这是非常有趣的构成物，常以大环形山为中心，向四周作辐射状发散出去，成为白色发亮的条纹，宽约10~20千米。在向四周伸展出去的路上，即使经过山、谷和环形山，宽度和方向也不改变。典型的辐射纹是第谷环形山和哥白尼环形山周围的辐射纹。第谷环形山辐射纹有12条，从环形山周围呈放射状向外延伸，最长的达1 800千米，满月时可以看得很清楚。

四是月陆和峭壁。月面上比月海高的地区叫月陆，其高度一般在 2～3 千米，主要由浅色的斜长岩组成。在月亮的正面，月陆和月海的面积大致相等。在月亮背面，月陆的面积大于月海。经同位素测定，月陆形成的年代和地球差不多，比月海要早。

在月球表面上，除了山脉和"海洋"以外，还有长达数百千米的峭壁，其中最长的峭壁叫阿尔泰峭壁。

月球正面名称

月相盈亏

月亮本身不会发光，是靠反射太阳光而发亮的。太阳只能照亮半边月亮，另外半边照不到。月亮在绕地球公转的过程中，太阳、地球和月亮的相对位置是经常改变的，地面观测者所看到的月面明暗部分，也将随这三者相对位置的变化而变化。月亮盈亏圆缺的各种形状叫做月亮的位相，简称月相。月相的变化就是日、月、地三者相对位置变化造成的。

当月亮转到太阳和地球之间时，月亮朝地球的一面背着阳光，因此我们看不见月光，这是朔日。朔日在农历初一。朔日后的第一天，太阳刚落山，月亮就在西方地平线上了。往后，每隔一天，月亮就东移一点，向地球的一面被太阳照亮的部分也增加一点。朔后二三天，天空就出现一钩弯弯的蛾眉月，习惯上叫做新月。在蛾眉月的时候，往往能在月牙外面看到稍暗的一圈光辉，这叫灰光，或称新月抱旧月。

新月以后，月亮继续东移。我们见到的月面部分也继续增大。到朔日

月　相

后七八天，即农历初七、八时，朝地球的月亮，半边黑暗，半边明亮，因此我们能看到半边月亮，这叫"上弦"。

"上弦"以后，月亮渐渐转到和太阳相对的一边，朝地球的一面照到太阳光的部分越来越多。当太阳、月亮和地球三者成一直线，地球位于太阳和月亮中间时，朝地球的一面月亮全部被太阳照亮，我们能看到整个圆面，这叫满月，或者叫"望日"。"望日"一般在农历十五或十六。

"望日"以后，月亮继续绕地球运行。但日、月、地的相对位置发生了变化，因此朝地球的一面被太阳照亮的部分在逐渐减少。"望日"后七八天，即农历廿二、三的时候，朝地球的一面月亮又是一半明亮，一半黑暗，我们又只能看到半个月亮。这叫"下弦"。

下弦以后，月亮继续绕地球运行。朝地球一面的月亮被照亮的部分越来越少，最后只剩弯弯一钩月牙，这叫"残月"。

在农历月底的时候，连一丝残月也见不到，最后又回到朔日。

月相这样周而复始地变化着。月相变化的周期叫做朔望月，一个朔望月等于29.53天。为了计算方便，一个月平均为29.5天。大月30天，小月29天。

在编制农历的时候，"朔"日规定在每月初一。由于月相变化的真正周期（29.53天）比一个朔望月（29.5天）长，所以"望日"不一定在农历十五，可能在十六或者十七。

比地球岩石更古老的月岩

1969 年阿波罗号太空船登陆月球后，科学家不再只能远远望着月球了，太空人在月球表面上采集岩石标本，放置许多的测试仪器，对于月球的结构可以收集更深入的数据做分析。

首先对于采集到的岩石做了年代分析，发现月球的岩石非常古老，有许多岩石的年代超过地球上最古老的岩石。根据统计 99% 的月岩年龄超过地球上 90% 的古老岩石，计算出的年代是 43 亿年到 46 亿年之前。

月 岩

对于月表的土壤做分析时发现它们的年代也非常古老，有些甚至比月岩的时间还提前 10 亿年。目前科学家推测的太阳系形成时间大约在 50 亿年左右，为什么月球表面的岩石与土壤会有这么长的历史呢？专家也认为难以解释。

月震实验证明月球是空心的

月震的实验也许可以说明月球的结构。登陆月球的太空人要出发回到地球之前，会驾驶登月小艇飞离月球表面，与返回地球的太空舱结合后，登月小艇便被抛弃至月球表面。设置在 72 千米外的地震仪测得月球表面的震动，这个振动持续超过 15 分钟，就像用锤子用力敲击大钟一样，振动持续很长时间才慢慢消失。举个例子，我们用力敲击一个空心铁球时，会发出嗡嗡而持续的振动，而敲击实心铁球的时候，只会维持短暂的振动，时间不长就停止了。这个持续振动的现象让科学家开始设想月球是否是空心的。

一个实心的物体遭受撞击时，可以测出两种波，一种是纵波，一种是表面波，而空心的物体只能测到表面波。"纵波"是一种穿透波，可以穿透物体，由表面的一边经过物体中心传导到另一边。"表面波"如同它的名字一样，只能在极浅的表面传递。但是，放置在月球上的月震仪，经过长时间的记录，都没有记录到纵波，全部都是表面波。根据这个现象，科学家非常惊讶地发现：月球是空心的！

包着钛金属壳的月球

在月球的黑影区，当宇航员拿起他们的电动钻想在那儿钻一个洞时，却钻不进去。仔细地分析这块区域的地表组成成分，发现大部分是一种很硬的金属成分，就是用来建造太空船的"钛"金属。难怪会这么坚硬了。所以月球的整体构造可以说就像是一个空心的金属球。

这个发现让一个长久以来困惑专家的问题有了解答。月球上的陨石坑数量非常多，不过奇怪的是，这些坑洞都相当浅。科学家推算一颗直径16千米的小行星以每小时5万千米的速度撞毁在地球上，将会造成一个直径4~5

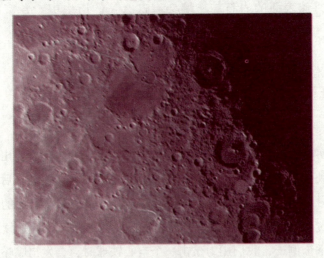

月球陨石坑

倍深的大坑，也就是应该有 64 ~ 80 千米深。然而在月球表面最深的一个加格林陨石坑，它的直径有 300 千米，深度却只有 6.4 千米。如果科学家的计算无误，造成这个坑的陨石如撞在地球上，将会造成至少 1 200 千米深的大坑！

为什么在月球上只能造成这么浅的陨石坑？唯一可能的解释就是月球的外壳非常坚硬。那么，前面发现的月表坚硬金属成分就可以充分说明这种现象了。

月球是人造的吗

经过长期的观察，人们注意到，月球的大小跟太阳看起来是一样大的。太阳与月亮感觉起来是一样大的，那么实际上是不是真的一样大呢？古时候的人常常观察到一种奇异的天象，称为"天狗食日"，在这个时候会有一个黑色的天体把太阳完全遮住，一个大白天突然变成黑夜，繁星点点，就是现在科学家说的日全食。日全食的时候我们看到的黑色天体就是月球，月球的大小刚刚好可以把太阳遮住，也就是说，在地球上看，月球跟太阳是一样大的。

后来天文学家又发现，太阳距离地球的距离刚好是月球距离地球的 395 倍，而太阳的直径也刚刚好是月球的 395 倍，所以在地面上看到的月亮，就恰恰好跟太阳一样大了。地球的直径是 12 756 千米，月球的直径是 3 467 千米，月球的直径是地球直径的 27%。

另外，太阳系中的比较大的行星都有自己的卫星。在八大行星之中有些行星块头很大，例如木星、土星等等，它们也有卫星环绕着，它们的卫星的直径比起行星本身往往很小，只有几百分之一。所以像月球那样大的卫星，在太阳系里是很特殊的。

这些数据上的巧合使得有些天文学家开始想一个问题，月球是天然形成的吗？

有两位前苏联的科学家提出大胆假说，认为月球是外表经过改装后中空的宇宙飞船。如此一来，才能圆满解答月球留给我们的各种奇异现象。这个假设很大胆，也引起不少的争论，现在大部分科学家仍然不敢承认这个理论。然而不争的事实是，月球的确不是天然形成的。月球就像精密的机械一样，天天以同一面面对地球，也刚好与太阳一般大。外面是一层高硬度的合金壳，可以承受长时间高密度的陨石轰击，仍然完好如初。如果是一个天然的星体，是不该具有这么多人造特征的。

科学家还发现，月球面对地球的一面是相当光滑的，几大月海都是在月球的正面，背面则是密密麻麻的环形山。难怪月球能以非常高的效率反射太阳光，在夜晚的天空发亮。如果将时光倒回远古月球刚刚形成之时，光滑的月表没有被陨石攻击得坑坑洼洼，中秋节夜晚的月光一定比现在更皎洁。

现在我们知道月球总是以光滑的一面面对地球，而以粗糙的一面背对地球，这是不是告诉我们月球是为给地球上的人们照明而造的呢？

创造一颗类似自然的星体，利用它表面的反射能力照明地球，这个想法很符合环保，因为不需要发电制造大量的污染，也很聪明，因为它能一次照亮整个地球黑暗的一面。虽然这是个很不可思议的想法，不过却也不无可能吧！如果今天我们的科学技术进步到这样的程度，我们会不会这样做？

那么如果在史前地球上真的有高度发达的人类，他们有没有可能放一颗月球上去，照亮漆黑的夜晚？

月球的 11 大谜团

随着对月球的科学探测的逐渐深入，越来越多的谜团涌现出来，到目前，已知的已经有 11 个比较重要的未解决的问题。

月球的起源之谜

大体上，科学家们提出了 3 个有关月球起源的假说。这几个假说都有严重的缺陷，其中至少有一个假说是以阿波罗登月计划获得的资料为依据，这个理论认为月球是与地球同时产生于 46 亿年前一团原始星云。

另一个理论提出，月亮是从太平洋床分出去的地球的一部分。可是阿波罗登月计划收集到的数据显示地球和月亮的化学元素截然不同。

于是，有些科学家们推测月球是地球在很早以前从宇宙空间俘获并固定于目前这个地球轨道上的。

反对这一看法的人指出，这种"俘获"的可能性极其渺茫，地球是没有能力俘获如此之大的卫星的。美国国家航空航天局（NASA）的科学家罗宾·布列特感叹道，似乎月亮不存在比月亮存在更合理，更容易解释。

月亮的年龄

令人难以置信的是：从月亮上采集的90%的岩石标本要比地球上90%的最古老的岩石还要古老。由宇航员阿姆斯特朗从静海收集到的第一块岩石被测定具有超过36亿年的历史，其他岩石经鉴定后，证实具有43亿年、45亿年和46亿年的年龄。还有一块竟然已经存在了53亿年之久了。

相比之下，在地球上被发现的最古老的岩石只有37亿年。而月球上的岩石标本采集区域则被科学家认为是月球上最年轻的地区之一。

于是，一些科学家由此得出结论，月球远比我们的太阳系形成的还要早。

月球上的粉尘比月球岩石还要古老

月球的岩石年龄已经让科学家们头疼了，可是对月球静海收集的尘土分析结果更让人头痛。

根据测定，月球上的尘土要比岩石还要久远10亿年。这个现象在逻辑上几乎不可能。因为通常来说，尘土是它旁边的岩石退化而来的，化学分析结果证明，月球粉尘并非来自附近的岩石，而是来自其他地方。

空心月球

在阿波罗登月探险过程中，当登月舱起飞、着陆并抛弃第三级火箭时，登月舱都重重地撞击

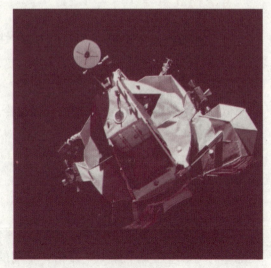

阿波罗号

了坚硬的月球表面。每一次撞击都引起月亮像一只大钟被敲击，振动持续了1~4个小时。NASA极不情愿地指出月亮是真空的。可是，除此之外，根本无法解释这一现象。

月亮的阴影区

月球的阴影区最早被天文观测者们推测为干涸的海洋。可是这些"月海"很奇怪地集中于月球的一侧。

登月后，宇航员们发现那些月海区域的表层极难被钻透。对那里采集的尘土分析显示那些地区有地球上极其罕见的金属如钛、锆、钇、铍。这些发现让科学家们一筹莫展。因为熔化这些金属需要大量的热量及高温（约4 500℃）才能使它们与周围的岩石结合。

不生锈的纯铁

由前苏联和美国从月亮采集回来的尘埃中都含有纯铁的颗粒，前苏联人宣称由遥远月球探测器取回的纯铁颗粒在地球上几年后也不生锈。

纯铁不生锈在地球上前所未闻。地球上只有一个难以解释的例外：在印度新德里有一根纯铁的柱子，从不生锈，没有人能给予合理的解释。

月球的放射性

13千米厚的月球表面具有很强的放射性，当"阿波罗13"号宇航员使用热探测器时，他们发现了异常高的读数。这表明在亚平宁山脉以下应该有高温热流。

但是月球的核心却根本不热，反而很冷。根据推测，月球是中空的。月球表面的辐射"令人难堪"的高，而且原因不明。这些热核辐射材料从何而来？它们又是如何到月球表面的呢？

大量的水蒸气云团在干燥的月球上空

几次对月球的挖掘都证明月亮是极其干燥的世界。一位月球专家讲过，它比地球的戈壁滩还要干燥100万倍。早期的阿波罗计划根本找不到一点一滴的水。

但是"阿波罗15"号发现月球表面有259千米大的水蒸气云团。万分震惊和窘迫的科学家们猜想这个云团可能是登月宇航员抛弃的两个水箱引起的。可是事实上，两个水箱是不可能制造出这样庞大的云团的。当然，宇航员们排在月球上的尿液也不可能产生如此巨大的云团。这些云团看来只能是来自月球的内部。

另外，云、雾和水汽及月表变迁被天文学家们多次发现。举例而言，20世纪的6位天文观测者声称月球的水气模糊了柏拉图山的细节。月球上存在水气是极其古怪的。因为根据月球的引力只有地球的1/6的看法，月亮是不可能具有任何形式的大气层或云团的。

月球玻璃状的表面

多次登月探险显示了月球表面是一层玻璃状的物质。这个现象提示了月球曾受过高温热源的烘烤，专家们分析结果证明这种现象可能是由于大量小陨星的撞击。有一种看法认为，一次3万年以前的猛烈太阳的火焰产生了这些变化。

有科学家声称，这种玻璃状表面与核武器造成的效果相似。月球表面的高核辐射性与这一解释相吻合。

月球的强烈磁场

早期的月球专家表示，月球的磁场很弱或根本没有磁场，而月岩的样品显示它们被很强的磁场磁化了。这对NASA的科学家们又是一次冲击。因为他们以前总是假设月岩是没有磁性的。这些科学家无法解释这些强磁场的来源。

奇异的高密度物质团

早在1968年，在月球的轨道的观测显示，月球的玛利亚环形山区地下有高密度物质聚集。NASA还报告这些高密度物质区还引起飞越其上空的飞船式探测器微微向下俯冲并加速。这显示月球下面有隐藏的结构。科学家们还计算出月表下的这些物质具有极高的密度，有如牛眼睛般的状态。有一位科学家说，目前为止，还没有人知道这下面到底是什么东西。

知识点

钛

钛，钛是一种金属元素，灰色，原子序数22，相对原子质量47.87。能在氮气中燃烧，熔点高。钝钛和以钛为主的合金是新型的结构材料，主要用于航天工业和航海工业。

钛是英国化学家格雷戈尔（Gregor R W，1762—1817）在1791年研究钛铁矿和金红石时发现的。4年后，1795年，德国化学家克拉普罗特（Klaproth M H，1743—1817）在分析匈牙利产的红色金红石时也发现了这种元素。他主张采取为铀（1789年由克拉普罗特发现的）命名的方法，引用希腊神话中泰坦神族"Titanic"的名字给这种新元素起名叫"Titanium"。中文按其译音定名为钛。

格雷戈尔和克拉普罗特当时所发现的钛是粉末状的二氧化钛，而不是金属钛。因为钛的氧化物极其稳定，而且金属钛能与氧、氮、氢、碳等直接激烈地化合，所以单质钛很难制取。直到1910年才被美国化学家亨特（Hunter M A）第一次制得纯度达99.9%的金属钛。

地球表面10千米厚的地层中，含钛达6/1 000，比铜多61倍，在地壳中的含量排第10位（地壳中元素排行：氧、硅、铝、铁、钙、钠、钾、镁、氢、钛）。随便从地下抓起一把泥土，其中都含有千分之几的钛，世界上储量超过1 000万吨的钛矿并不稀罕。

海滩上有成亿吨的砂石，钛和锆这两种比砂石重的矿物，就混杂在砂石中，经过海水千百万年昼夜不停地淘洗，把比较重的钛铁矿和锆英砂矿冲在一起，在漫长的海岸边，形成了一片一片的钛矿层和锆矿层。这种矿层是一种黑色的砂子，通常有几厘米到几十厘米厚。

钛没有磁性，用钛建造的核潜艇不必担心磁性水雷的攻击。

1947年，人们才开始在工厂里冶炼钛。当年，产量只有2吨。1955年产量激增到 2 万吨。1972 年，年产量达到了 20 万吨。钛的硬度与钢铁差不多，而它的重量几乎只有同体积的钢铁的一半，钛虽然稍稍比铝重一点，它的硬度却比铝大 2 倍。现在，在宇宙火箭和导弹中，就大量用钛代替钢铁。据统计，目前世界上每年用于宇宙航行的钛，已达 1 000 吨以上。极细的钛粉，还是火箭的好燃料，所以钛被誉为宇宙金属、空间金属。

钛的耐热性很好，熔点高达 1 668℃。在常温下，钛可以安然无恙地躺在各种强酸强碱的溶液中。就连最凶猛的酸——王水，也不能腐蚀它。钛不怕海水，有人曾把一块钛沉到海底，5 年以后取上来一看，上面粘了许多小的海洋动物与海底植物，却一点也没有生锈，依旧亮闪闪的。

延伸阅读

嫦娥也叫姮娥，又有称其姓纯狐，名嫦娥，江苏人。神话中的人物，是后羿的妻子。其美貌非凡，后飞天成仙，住在月亮上的仙宫。

姮娥墓位于山东省日照市的天台山上，陪伴在大羿墓的旁边。据说大羿与姮娥开创了一夫一妻制的先河，后人为了纪念他们，演绎出了嫦娥飞天的故事。嫦娥的身世说法很多，一种说法，嫦娥和常仪是同一个人。"常仪，帝俊妻也。"帝俊就是帝喾，一生下来就会说话，给自己取了名字"俊"。常仪是他 4 个妃子中的一个，所生的儿子后来还登了基，而且常仪是死于帝喾之前的。

相传，远古时候有一年，天上出现了 10 个太阳，直烤得大地冒烟，海水枯干，老百姓眼看无法再生活去。

这件事惊动了一个名叫后羿的英雄，他登上昆仑山顶，运足神力，拉开神弓，一口气射下 9 个多余的太阳。

后羿立下盖世神功，受到百姓的尊敬和爱戴，不少志士慕名前来投师学艺。奸诈刁钻、心术不正的逢蒙也混了进来。

不久，后羿娶了个美丽善良的妻子，名叫嫦娥。后羿除传艺狩猎外，终日和妻子在一起，人们都羡慕这对郎才女貌的恩爱夫妻。一天，后羿到昆仑山访友求道，巧遇由此经过的西王母，便向西王母求得一包不死药。据说，服下此药，能即刻升天成仙。

　　然而，后羿舍不得撇下妻子，只好暂时把不死药交给嫦娥珍藏。嫦娥将药藏进梳妆台的百宝匣里，不料被逢蒙看到了。3天后，后羿率众徒外出狩猎，心怀鬼胎的逢蒙假装生病，留了下来。

　　待后羿率众人走后不久，逢蒙手持宝剑闯入内宅后院，威逼嫦娥交出不死药。嫦娥知道自己不是逢蒙的对手，危急之时她当机立断，转身打开百宝匣，拿出不死药一口吞了下去。嫦娥吞下药，身子立时飘离地面、冲出窗口，向天上飞去。由于嫦娥牵挂着丈夫，便飞落到离人间最近的月亮上成了仙。

　　傍晚，后羿回到家，侍女们哭诉了白天发生的事。后羿既惊又怒，抽剑去杀恶徒，逢蒙早逃走了。气得后羿捶胸顿足哇哇大叫。悲痛欲绝的后羿，仰望着夜空呼唤爱妻的名字。这时他惊奇地发现，今天的月亮格外皎洁明亮，而且有个晃动的身影酷似嫦娥。

　　后羿急忙派人到嫦娥喜爱的后花园里，摆上香案，放上她平时最爱吃的蜜食鲜果，遥祭在月宫里眷恋着自己的嫦娥。百姓们闻知嫦娥奔月成仙的消息后，纷纷在月下摆设香案，向善良的嫦娥祈求吉祥平安。从此，中秋节拜月的风俗在民间传开了。嫦娥奔月的故事以鲜明的态度和绚丽的色彩歌颂、赞美了嫦娥，与古文献有关嫦娥的记载相比较，可见人们对嫦娥奔月的故事做了很多加工，修饰，使嫦娥的形象与月同美，使之符合人们对美的追求。与现代流传甚广的"嫦娥奔月"相左，《全上古文》辑《灵宪》则记载了"嫦娥化蟾"的故事："嫦娥，羿妻也，窃王母不死药服之，奔月。将往，枚占于有黄。有黄占之：曰：'吉，翩翩归妹，独将西行，逢天晦芒，毋惊毋恐，后且大昌。'嫦娥遂托身于月，是为蟾蜍。"嫦娥变成癞蛤蟆后，在月宫中终日被罚捣不死药，过着寂寞清苦的生活，李商隐曾有诗感叹嫦娥："嫦娥应悔偷灵药，碧海青天夜夜心。"

火星

　　火星，似火一般，发出火红的光芒，远远望去，宛若一团燃烧的火炬。古罗马神话中有位战神，名叫玛尔斯；传说它是天神与神后的孩子，强悍、英俊而又凶狠、残暴，到处挑起争斗，是专管战争的神。看到血红的火星颜色，人们不禁想起战争和流血，因此西方叫它玛尔斯。我国古人称它为荧惑。

火星是唯一能用望远镜看得很清楚的类地行星。除金星以外，火星离地球最近，火星同地球的最小距离能近到 5 600 万千米。

通过望远镜，火星看起来像是个橙色的球。在南北两极是白皑皑的极冠。火星上有些随季节变化而明暗交替，时常改变形状的绿色或灰色区域。直到最近，天文学家们还在推测，这些颜色的变化，可能是火星上植物季节性生长变化的结果。但是现在人们认为，这些变化的起因，是由于火星上强烈的风所携带大量尘埃移动的结果。

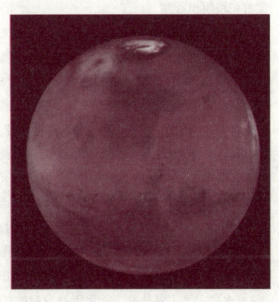

火星 1

我们对火星的了解，大部分得自于人类发射的不载人的宇宙探测器；特别是 1971 年绕火星飞行的"水手 9 号"，以及把装有仪器的太空囊投放到火星上测定火星上是否隐藏着生命的"海盗 1 号"和"海盗 2 号"。

火星概况

火星比地球小得多，半径只有 3 435 千米，约相当于地球半径的 1/2，质量也只有地球的 1/10。

火星的轨道是一个扁扁的椭圆，偏心率为 0.09，轨道面几乎与黄道面重合。由于轨道较扁，火星到太阳的距离，远近相差很大，最远和最近相差 4 000 万千米。

火星到地球的距离也在不断地变化，最远时火星离地球大约 4 亿千米，最近时只有 5 000 万千米，那是发生在火星"大冲"的时候。火星大冲每隔 15 年到 17 年发生一次。大冲是观测火星的最好时机，所以每次大冲时，天文学家都积极组织观测。

除了公转以外，火星也有自转。火星的自转和地球差不多，它们的自转周期和自转轴的倾斜几乎相等。地球自转一周需要 23 小时 56 分零 4 秒，而火星自转一周为 24 小时 37 分，或者说，火星上的一天与地球上的一天只差约 40 分钟。火星的赤道面和黄道面交角是 24°，因此，在火星上也有昼夜和四季的变化，只是由于火星绕日运行的轨道比地球大得多，走得也比地球慢（每秒 24 千米），绕太阳公转一周需要 687 天。因此，火星上的一年约等于地球上的两年，每个季节的长度都是地球上的两倍。当然，火星离太阳的距离（平均约 2.3 亿千米）比地球距离太阳远了将近一半，因此，它从太阳得到的热量比地球得到的要少得多，所以比较冷。赤道附近白天也只有 10℃ 左右，晚上则下降到零下 50℃ 以下。其余的地方温度就更低了。

观测表明，火星上也有大气，但是气压很低，它略小于地球大气压的 1%。火星大气主要是由二氧化碳及少量的氧气组成，地球上生物赖以生存的氧，火星上只占大气总成分的 1‰。由于火星大气很稀薄，火星不能很有效地保持热量。

火星也有两个天然卫星。当然，除了在极地覆盖着一层厚度不大的干冰（冰冻的二氧化碳）外，火星上没有液态水。

火星表面

遥望火星是一个橙红色的光点。通过望远镜细看，在红色的火星极区，覆盖着白色极冠。火星表面地形复杂，极冠、"大陆"、"海洋"、环形山、火山、峡谷和沙漠样样都有。

极冠是罩在火星两极的白色覆盖物。它的成分是干冰（冻结的二氧化碳）和水冰。据估计，火星大气中大约 1/5 的二氧化碳形成干冰，覆盖在两个极冠上，绝大部分水冰覆盖在两极。从望远镜里看，在火星北半球上春天来临以后，极冠逐渐缩小，极冠外围暗黑的区域变得更暗，渐渐向赤道移动；火星上秋天以后，极冠慢慢变大，极冠外围暗黑的区域逐渐变浅。

由于火星到太阳的距离比地球远，接受的阳光比地球少，因此火星表面的温度比地面上平均温度低 30 多摄氏度。加上大气稀薄，水分很少，没有东西调节气温，火星上昼夜温差常在 100℃ 以上。在赤道地区太阳光直射的地方，白天最高温度在 20℃ 以上，夜晚最低温度降到零下 80℃ 以下。

火星环形山成因大致有两种：一种是小行星和流星等小天体撞击而成的，另一种是火山爆发形成的。最大的小行星撞击而成的环形山是海腊斯盆地，直径 1 600 千米，深度在 4 千米以上。整个火星上有几万个环形山。

火星表面大部分地区，都密布着类似于我们在水星和月亮上所见到的那种坑穴。然而同水星及月亮上的坑穴不同，火星上的坑穴边缘已经受到火星上强风的作用而风化。位于赤道地区的大峡谷是火星表面上最引人注目的特征：其中最大的叫水手谷，位于赤道以南，峡谷宽 70 千米，深约 6 千米。实际上，水手谷不是一个峡谷，而是一系列峡谷。它在赤道地区绵延 5 000 多千米，比从美国的东海岸到西海

火星 2

岸的距离还长。火星表面上其他的一些形态，也具有同样巨大的规模。火星上有一些巨大的火山，最大的一座是奥林帕斯火山，其底部面积几乎能覆盖得克萨斯州那样大的面积；它高达 24 千米，几乎是珠穆朗玛峰高度的三倍。

像水星和月亮那样，火星也是两面不同的，其中一个半球上，分布着一些古老的火山和为数众多的坑穴；而另外那个半球上大部分地区是由低平的平原组成，上面点缀着少数的坑穴和年青的火山。据认为，这种差别的造成，是由于遥远的过去，冲积物在低地沉积的结果。塑造火星景观的另一个因素是火星上的狂风；这种狂风起源于北极。在风的前面，往往掀起一堵 50 千米高的尘埃墙，它以每小时 500 千米的速度席卷火星表面。尘埃削低了火山，摧残了坑

火星3

穴的侧壁和一些高起的地形，造成了形似羽毛、金字塔和沙丘一类的异常的形态。

一个尚未解决，但又十分迷人的问题是：火星是否像地球一样是个地质上很活跃的行星。已经探测出，火星上有大量的断裂线——火星表面的一个区域相对于其相邻的区域发生移动。在火星表面也存在过去发生的"地震"（更确切地讲是火星震）和熔岩流的迹象。可是，火星上为数众多的火山，现在看来没有一个是活动的，也没有证据说明火星上具有像我们地球上那种漂移的地壳板块。较年青的火山，如奥林帕斯火山的巨大体积可以被认为是缺少板块运动所致，因为板块运动会在新形成的表面形态达到如此巨大的比例之前便将它们移运到别处。人们还可以把火星上缺乏压缩地形这一事实看作是另一个证据：地球上的山脉和挤压地形标记，在火星上是见不到的。

火星运河

1659年，惠更斯发现火星上有模糊的轮廓，并和卡西尼创立了火星表面学。自那以后，人们对火星进行了大量的观测和研究。1840年，比尔和马德勒尔绘制了一张火星图。1860年，法国里艾认为，火星上的模糊轮廓是一些植物地带。1876年，法国天文学家弗拉马里翁在他的《天上的地球》一书中，绘制出一幅很好的火星插图。从此，火星表面状态研究工作便一直延续下来了。

1877年的火星冲日，意大利米兰天文台台长斯基帕雷利用一架9.5英寸（1英寸＝25.4毫米）的望远镜对火星作仔细的观测，通过观测绘制了一幅与前人不同的火星图。在这幅图上,斯基帕雷利别具特色地绘了许多条细而窄的直线,用它们把火星明亮的区域连接了起来,并称这些细线为"运河"。观测情况被写成论文送到了伽利略学院,同时,斯基帕雷利宣布这一激动人心的新闻:他在火星上观测到了运河。这一爆炸性的消息一发出,关于"火星人"的议论沸腾了。有关"火星人"的传说和猜想不胫而走,以"火星人"为主题的文艺作品也相继问世了。许多人甚至描绘出"火星人"的形态和特征。

从此,人们就称这些为"运河"了。后来,在另一次火星冲日的时候,斯基帕雷利又宣布,"发现"了更多的"运河",并在火星图上把这些"运河"绘得很直,就像人工开凿的一样。1881 年,又"发现"有些"运河"还有分叉,有些地方的"运河"还呈现两条平行线。1882 年,斯基帕雷利再次宣布"发现"了"运河"。

对斯基帕雷利的"发现",当时有的赞成,有的反对。赞成的人进一步指出,火星上这些特殊结构,是火星上的人为了农业的灌溉而修建的水利工程。

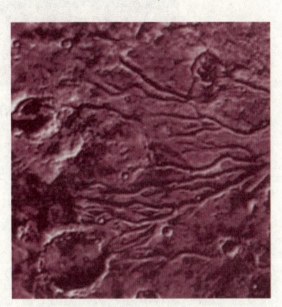

火星运河

后来,美国天文学家洛威尔,用放大倍率更高的天文望远镜,又发现了许多新"运河",在"运河"的会合处还发现有圆形的黑斑。根据观测,他精心地绘制了很多火星"运河"的图像。洛威尔认为,火星上"运河"是为了把极地的水引到干燥的赤道地区而开凿的,因此他深信火星上一定有高等动物存在。

火星上到底有没有"运河"?观测资料是最好的见证。在大型望远镜视场里,火星"运河"不见了,代替它的是一个个的暗黑地带。这就是说,在望远镜分辨率不高的情况下看到的"运河",实际上是一个个被称为"海洋"的

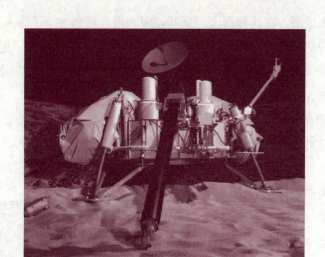

海盗 1 号的火星着陆器

暗黑地带，人们的眼睛错误地把它们"联成"一条条"运河"了。

人造卫星上天以后，它们也曾访问过火星。1964 年 1 月，美国深空探测器"水手 4 号"经过 7 个月的长途飞行，到达离火星 10 000 千米的空间，拍摄了 1% 的火星表面照片。照片上清楚地看到了火星表面的环形山，就是没看到"运河"。1971 年，美国的"水手 9 号"又拍摄了 7 000 多张火星照片，发现火星上有 100 多千米的火山口、长达 3 000 千米的峡谷以及很长的河床，也没发现"运河"。1976 年秋天，美国 2 艘飞船登上了火星，它们是"海盗 1 号"和"海盗 2 号"，仍然没有发现"运河"。

看来，火星"运河"是不会有的了。

火星尘暴

在地球沙漠地区的风沙是惊人的。每次沙尘暴，到处尘土飞扬，遮天盖地，天地间混沌一片。

但地面上的风沙再大，也比不上火星上的尘暴。火星上的尘暴像一条巨大的黄色云龙飞舞在火星上空。

火星上尘暴是火星大气中特有现象。局部尘暴在火星上经常出现，大尘暴席卷整个火星表面。巨大的尘暴能持续几个星期，甚至几个月。

大尘暴多半发生在南半球的春末，即出现在火星位于轨道上近日点附近的时候。尘暴发源地一般在阳光直射的纬度上，常常发生在海腊斯盆地以西几百千米的地方。开始的时候，中心尘粒云慢慢扩展，然后迅速蔓延，在几个星期内覆盖整个火星的南半球。特大的尘暴还扩张到北半球，甚至整个火星。

火星的大气很稀薄，火星表面的尘粒是不能轻易吹起来的，要把火星表面的尘粒吹起来，风的速度每秒必须大于 50 千米。这样的大风是由特殊的地形造成的。由于地形特殊，太阳光对大气加热的时候，有些地区温度上升得快，有些地区温度上升得慢，出现了局部温度不平衡，因而形成了风。当风速超过每秒50 千米的时候，便将尘粒卷向空中。在空中的尘粒再进一步吸

火星4

收太阳能而变得更热。这一部分充满尘粒的空气，由于比周围热又继续上升。在热空气夹着尘粒上升的时候，别的地方的冷空气便赶来补充，这样，热空气上升，冷空气赶来补充，你来我往，形成更强大的风，卷起更大的尘暴。

火星表面的重力加速度只有地球的1/3，因而尘粒一旦被吹到空中，就不会轻易地落下来。即使火星表面风速减小了，尘粒也高高卷向空中。随着尘暴范围扩大，火星上温差在减小，因而风速也减小，最后风息了，尘粒从空中落下来，一场尘暴也就平息了。

火星的卫星

火星有两颗卫星；分别叫做伏波斯（Phobos，意思是"恐惧"，即火卫

一）和迪摩斯（Deimos，意思是"惊慌"，即火卫二）。它们是希腊神话中战神玛尔斯儿子的名字。伏波斯的中文名叫火卫一，迪摩斯叫火卫二。它们是1877年美国天文学家霍尔发现的。

火卫一和火卫二都在火星赤道面附近运行，轨道形状近似圆形，运行周期分别为7小时39分和30小时18分，到火星的平均距离分别为9 400千米和23 500千米，比月亮到地球的距离近得多。

这两颗卫星的形状都很不规则，而且被流星撞击得遍体鳞伤。其中较大的火卫一，直径约为22千米，在距火星大约只有9 000千米的轨道上运转。根据开普勒第二定律，由于其半径不大，因而它的公转周期也很小。事实上，火卫一绕其主星运转的速度；比它绕轴自转的速度快，这在太阳系中是独一无二的。因为火星自转周期是24小时37分，而火卫一的公转周期是7小时39分，所以，对位于火星上的观察者来看，在火星的一昼夜内，火卫一从西边升起，再从东边落下，在每一个火星日中要重复3次。

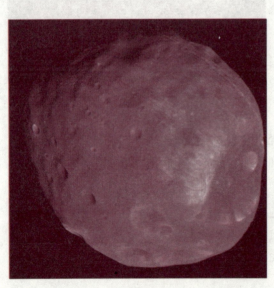

火卫一

有几位天文学家在观测火星卫星运动时，发现火卫一的公转周期在缩短，一昼夜缩短量达百万分之一秒。1960年，什克洛夫斯基断言，火卫一公转周期缩短的原因是火星大气的阻力。假如火星大气对火卫一的阻力能够达到火卫一公转周期缩短量所要求的那样，那么，火卫一的质量将很小，密度不超过水密度的1‰。这样奇特的情况只有在火卫一表面是固体、内部是空的才有可能。

关于火卫一公转周期缩短的原因还有另外的假说，其中之一是潮汐阻碍说。有些科学家认为，假如火星外壳没有地球那样坚硬，那么火卫一在火星外壳上所引起的潮汐就会阻碍火卫一的运动，产生观测到的结果。另一种是太阳光压阻碍说。拉德齐耶夫斯基等人认为，如果火星卫星的形状与标准的圆形不一样，那么，太阳光压也足以引起火卫一速度改变，产生观测到的结果。

看来，关于"火星卫星"的争论还得由人造卫星来作结论。到现在为止，已有好几颗人造卫星在火星附近拍摄了火星卫士的照片。照片上清清楚楚地指出，火卫一和火卫二的形状很不规则，它们不比土豆好看。火卫一的尺寸约为：长13.5千米，宽10.8千米，高9.4千米；火卫二是长7.5千米，宽6.1千米，高5.5千米。这些不规则的大石块上充满着环形山，极目远望，满目疮痍，坑坑洼洼的，其中最大的陨击坑是火卫一的斯蒂尼陨击坑，直径8千米。"海盗1号"宇宙飞船还发现，火卫一上有沟纹和小的环形山链。1988年7月7日和12日，前苏联专门发射了"火卫1号"和"火卫2号"两艘飞船去考察火卫一，它们于1989年1月底飞到火卫一附近，但没有获得什么结果。

火星的生命之谜

火星上有没有生命？有没有动植物？这是人们广泛感兴趣的问题。

火星上许多自然条件和地球相似。地球自转一周是23小时56分，火星是24小时37分。它们有几乎相同的昼夜。地球自转轴和轨道面夹角是23°27′，火星的夹角是24°，它们有几乎相同的四季变化。地球南北极是冰封雪盖的世界，火星是白雪皑皑的极冠，它们都有水。地球上四季变换，山河改色，火星上四季交替，"海洋"改变颜色。

地球上有生气勃勃的生命运动，火星上为什么不能有？因此，1909年苏联天文学家季霍夫在对火星进行了大量观测之后，提出了火星上有生命存在的假说。

火星上如果有生命，这是一种什么样的生命，这个问题已经争论了80年。它使许多科学家和爱好者为之激动不已，尤其在火星"运河"发现之后，更是波涛迭起，激浪千重。现在，有关"运河"在几何学上的规则性的说法、洛威尔和别的一些人所坚持的火星"运河"人工开凿的观点，都早已为人们所摒弃，无人再坚持了。火星卫星是人造的观点，看来也立足不稳。它们都不能作为火星上有生命存在的依据。

至于绿色植物之谜，现在也见分晓了。在季霍夫提出火星上存在生命的假说以后不久，天体生物学家们就论证火星表面存在植物的可能性了。接着，各国天文学家相继对火星上"海洋"颜色变化进行了连续细致的观测。前苏联的巴拉巴绍夫发现，一些地区的颜色可以呈浅绿色、浅蓝色、褐色或灰色，但只有在火星上夏季才能观测到绿色和浅蓝色，这表明，火星上"海洋"颜色变化同季节有关系。另一方面，俄国物理学家乌莫夫曾经指出，如果火星上有植物，在植物所反射的太阳光谱中，应当出现叶绿素吸收带。1956年，美国辛通宣称，他在火星"海洋"中发现了类似于从有机物质体上观测到的3条吸收带，这个消息曾使那些坚持火星上有生命存在的人活跃起来。但是，事隔不久，这些植物存在的"证据"一个个又被否定了。

现在，对形成火星上"海洋"颜色随季节变化的原因正在探索之中。在已经提出的解释当中，除上面介绍的是绿色植物随季节而变的假说以外，还有人认为是由封存在火星土壤里的盐类因土壤温度升高而引起颜色变化，也有人认为是火星上火山活动的结果；再有认为是无氧而略带潮湿的火星大气中发生的化学反应以及风向变化等原因造成的。

什么是生命？现在我们只能按照地球上情况去理解。生命只可能建立在蛋白质和碳水化合物的基础上。生命能否建立在别的基础上，人们不知道。对生命如何在地球上产生的，还没有取得一致的看法。而关于几十亿年前火星上存在哪些条件，现在只有一些假定。因此关于火星上生命起源的问题，还无从说起。在现有的条件下，火星上是不可能产生生命的。至于过去是否有过，谁也说不清楚。

但是，现在还有人提出火星上可能有生命，甚至认为有生命征兆。他们说，尽管火星上自然条件很严酷，但生命有很大的适应性，尤其对低湿、低温和温度起伏有很大的适应性。低等有机体，如细菌、微生物和低等植物等生命力更强。

所以，关于火星上有没有生命的问题，最可靠的解答是对它直接探测。1964年11月发射的"水手4号"在火星附近拍摄了火星照片，1971年11月"水手9号"对火星表面进行了高分辨率的照相，1976年两艘"海盗号"飞船先后降落在火星表面上。与此同时，前苏联也发射了"火星号"探测器考察火星及其空间。

水手 9 号

"水手号"飞船拍摄的火星表面照片，为确定火星上有没有生命存在，提供了许多珍贵资料。照片表明，现在的火星是一片极其荒凉的世界，那里既没运河，也没有海洋，根本不存在流淌的水。大气特别稀薄，非常寒冷，不适合动植物生存，也没有任何动植物存在的迹象。

为寻找火星上的生命而发射的两艘"海盗号"飞船，1976 年降落在火星表面上。它们对寻找另一个星球上的生命做出了最初的尝试。从通过电视传送到地球上的火星全景图中可以看到，那里有的是沙漠中的杂乱的石头，却不见生命的任何痕迹。这两艘飞船上有一套自动仪器对火星土壤进行分析，用来寻

火星表面

找火星上存在微生物的标记，其中主要是看是否进行光合作用、新陈代谢和碳酸气的吸收。虽然探测结果不十分确定，但目前没有发现微生物，也不存在有机物质的残余。截至目前，火星上依然没有找到生命的痕迹。

知识点

空间探测器

空间探测器（space probe）：又称深空探测器或宇宙探测器。对月球和月球以远的天体和空间进行探测的无人航天器，空间探测的主要工具。空间探测器装载科学探测仪器，由运载火箭送入太空，飞近月球或行星进行近距离观测，做人造卫星进行长期观测，着陆进行实地考察，或采集样品进行研究分析。

空间探测器按探测的对象划分为月球探测器、行星和行星际探测器、小天体探测器等。空间探测器离开地球时必须获得足够大的速度才能克服或摆脱地球引力，实现深空飞行。探测器沿着与地球轨道和目标行星轨道都相切的日心椭圆轨道（双切轨道）运行，就可能与目标行星相遇；增大速度以改变飞行轨道，可以缩短飞抵目标行星的时间。

为了保证探测器沿双切轨道飞到与目标行星轨道相切处时目标行星恰好也运行到该处，必须选择在地球和目标行星处于某一特定相对位置的时刻发射探测器。探测器可以在绕飞行星时，利用行星引力场加速，实现连续绕飞多个行星。

空间探测器的显著特点是，在空间进行长期飞行，地面不能进行实时遥控，所以必须具备自主导航能力；向太阳系外行星飞行，远离太阳，不能采用太阳能电池阵，而必须采用核能源系统；承受十分严酷的空间环境条件，需要采用特殊防护结构；在月球或行星表面着陆或行走，需要一些特殊形式的结构。

干冰是固态的二氧化碳，在常温和压强为 6 079.8 千帕压力下，把二氧化碳冷凝成无色的液体，再在低压下迅速蒸发，便凝结成一块块压紧的冰雪状固体物质，其温度是零下 78.5℃，这便是干冰。

干冰蓄冷是水冰的 1.5 倍以上，吸收热量后升华成二氧化碳气体，无任何残留、无毒性、无异味，有灭菌作用。它受热后不经液化，而直接升华。干冰是二氧化碳的固态，由于干冰的温度非常低，温度为零下 78.5℃，因此经常用于保持物体维持冷冻或低温状态。

在室温下，将二氧化碳气体加压到约 101 325Pa 时，当一部分蒸气被冷却到 $-56℃$ 左右时，就会冻结成雪花状的固态二氧化碳。固态二氧化碳的气化热很大，在 $-60℃$ 时为 364.5J/g，在常压下气化时可使周围温度降到 $-78℃$ 左右，并且不会产生液体，所以叫"干冰"。

干冰还可用作人工降雨，放在空气中能迅速吸收大量的热使周围的温度快速降低，使水蒸气液化成小水滴，从而降雨的目的。另外，碘化银 AgI 等物质也具有类似的性质。

有关干冰的历史可以追述到 1823 年英国的两位叫法拉第和笛彼的人，他们首次液化了二氧化碳，其后的 1834 年德国的奇洛列成功地制出了固体二氧化碳。但是当时只是限于研究使用，并没有被普遍使用。干冰被成功地工业性大量生产是在 1925 年的美国设立的干冰股份有限公司。当时将制成的成品命名为干冰，现在已经将它视为普通名词，但其正式的名称叫固体二氧化碳。

干冰的使用范围广泛，在食品、卫生、工业、餐饮中有大量应用。

在接触干冰的时候，一定要小心并且用厚棉手套或其他遮蔽物才能触碰干冰！如果是在长时间直接碰触肌肤的情况下，就可能会造成细胞冷冻而类似轻微或极度严重冻伤的伤害。汽车、船舱等地不能使用干冰，因为升华的二氧化碳将替代氧气而可能引起呼吸急促甚至窒息！

小行星带

提丢斯—彼得定则

提丢斯—彼得定则是关于太阳系中行星轨道半径的一个简单的几何学规则。1766 年时，由德国的一位中学教师戴维·提丢斯所提出，后来被柏林天文台的台长约翰·彼得归纳成了一个经验公式来表示。

先来看一组数字：3，6，12，24，48，96，…每一个数字是前一个数字的 2 倍。

数列前面加一个 "0"，变成了：0，3，6，12，24，48，96，…

每个数字加 "4" 再除以 "10"，得到新的数列：0.4，0.7，1.0，1.6，2.8，5.2，10.0，…

这恰好是太阳系各行星与太阳的平均距离：水星 0.4 天文单位，金星 0.7 天文单位，地球 1.0 天文单位，火星 1.6 天文单位，木星 5.2 天文单位，土星 10.0 天文单位……中间空缺了 "2.8 天文单位"，天文学家正是据此发现了小行星带。

这个规律可以归纳为 $a = (n+4)/10$，其中 $n = 0$，3，6，12，24，48，…（$n \geq 3$ 时，后一个数字为前一个数字的 2 倍）。但是这个公式从海王星开始就不准确了：海王星实际与太阳平均距离为 30.1 天文单位，公式得出的却是 38.8 天文单位，这倒是与冥王星轨道接近（冥王星与太阳平均距离为 39.5 天文单位）。

寻找 "丢失" 的行星

"提丢斯—彼得" 定则的出现，使天文学家们受到了很大的鼓舞。可是他们发现，按照 "提丢斯—彼得" 定则推算的数据，在火星与木星之间，即数列为 2.8 距离处，却是一个令人奇怪的 "空当"。是不是还有一颗行星没有被人们找到呢？特别是当 1781 年，算出新发现的天王星的轨道半径 19.18，也正好与这一定则推算的距离 19.6 不相上下时，人们寻找火星与木星间"丢失"的那颗行星的热情就更高了。

在 1796 年举行的一次国际会议上，天文学家们热烈讨论了寻找这颗"丢失"了的行星问题。最后，大家一致同意组织起来，把整个天空分成若干天区，各自分工承担一部分天区的监视任务。分工负责、细心搜索，下决心非要把它"找"出来不可。

4 年过去了，也就是说，18 世纪结束了。辛勤的观测却一无所获。可是，就在 19 世纪的第一天，即 1801 年 1 月 1 日，意大利西西里岛天文台台长皮阿齐，在编制星表的观测中，发现在他监视的天区内，出现了一颗从来没有见过的星星。这位"陌生的客人"，一连好几天都在附近的星星中间移动。开始，他以为这大概是一颗新出现的没有尾巴的彗星。因为这种情况在天空中是十分常见的。不过，细心的皮阿齐还是把这一情况写信告诉了其他天文学家，希望他们也来跟踪观测，仔细查查这位不速之客的"身世"。可是，大家对它刚刚观测了 41 天，也就是到了 1801 年 2 月 11 日，这颗来历不明的小星，突然又杳然失踪。人们十分遗憾地想到，要是能够根据这些短期内观测记录的资料，算出这颗星星运动的轨道，预报出它出现的方位。那它就再也溜不掉了，最终就会弄清楚它竟究是颗什么星星。可是，谁来承担这项显然是十分艰难的计算工作呢？

这时，一位当时只有 24 岁的德国青年数学家高斯，知道这一迫切需要之后，自告奋勇地承担了这一捉摸不定的、星体运行轨迹的计算。由于过去天文学家们使用的传统计算方法过于繁杂，而且还要大量的观测资料作基础，显然不符合这次"特殊"计算的需要。于是高斯自己创造了一种只需要 3 次观测数据就能定出星球轨道的办法，来解决这个复杂的计算任务。当然，计算是艰苦的，但年青的高斯终于算出了这颗失踪的星星的准确方位。人们利用高斯提供的预报，果然在 1802 年元旦前后，又"抓住"了这颗星星。不仅如此，根据高斯计算出的轨道的数据，证明这颗星星走的不是一般彗星所走的道路，从而也就证实了它的确是那颗人们寻之已久的新行星。"提丢斯—彼得"定则加上高斯的聪敏，火星、木星间这位难见的新伙伴，终于找到了。令人失望的是，这颗好容易才找到的新行星，直径只有 700 千米，还不到地球的卫星——

月球的1/4。因此，人们只好给这位小兄弟取了一个有别于其他老大哥的名字——小行星。发现这颗行星的皮阿齐，把它命名为"谷神星"。

至此，根据"提丢斯—彼得"定则寻找新星的工作，似乎就可以结束了，然而，问题并不那么简单。

发现小行星带

1802年3月28日，也就是找到谷神星后不到4个月，德国天文学家奥勃斯，又在火、木二星之间发现了另一颗新星——智神星。智神星的出现，与其说使天文学家们感到兴奋，倒不如说使他们大吃一惊，因为按照提丢斯—彼得定则，在行星排列表中的2.8距离处的"空当"已经由谷神星填上了，怎么又会出现这么一个多余的行星呢？就在许多人倾向于否定这一使人为难的新发现的时候，又连续在1804年、1807年、1845年发现了第三颗、第四颗、第五颗小行星。后来，新发现的小行星简直是成群结队似的接踵而来。1879年达到200颗，1890年达到300颗。从1801年到此后的100多年中，先后发现并已算出精确轨道的小行星已达2 000多颗。仅仅1949年后中国天文工作者发现的小行星就有400颗以上。这时，人们才慢慢地知道，火、木星之间的行星，不是一颗而是一群。有人说大概一共4.4万颗。也有人说不会超过1万颗。究竟有多少？直到今天，谁也说不清楚，只知道它们像赶集一样，在自己围绕太阳运转的轨道上，成群结队地奔跑着。

这些飞砂走石似的小行星，严格来说，除了其中少数体积比较大的，例如谷神星（直径700千米）、智神星（直径490千

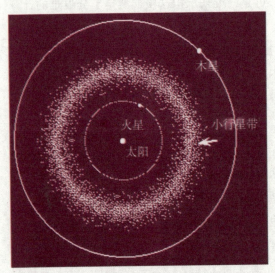

小行星带示意图

米）、灶神星（直径390千米）、毒婚神星（直径195千米）等以外，实在够不上称为"星"的标准。从目前已经发现的来看，直径在100千米以上的大约只有200颗。直径在20～50千米之间的多达670颗。那些更小的直径只有几百米。如果把它放在我们这个行星——地球上，只会成为一个毫不引人注意的小山包而已。

至于这些小行星的形状，更是七长八短。五花八门，少数体积大的，还可以看出是一个球形，那些体积小的，有的是长条，有的一头大一头小像个哑铃、有的简直说不出是什么形状，只能算是一些极不规则的大石块，例如爱神星就是一块十几千米长的钢针形的大岩石。有趣的是，这些奇形怪状的大小石块。在空间运行的轨道，大体上也和大行星相同，基本上也是沿着一个椭圆形轨道围绕太阳运转的。不过，由于它们体积太小，除了受到太阳的引力外，还要受到附近大行星引力的干扰，因此，大都不能保持正确的椭圆路线，有的偏心率很大，常常走着一条远离带区的道路，有时候甚至跑到土星轨道的外边，有时候又一直闯入金星的轨道。

小行星带的形成

小行星带的发现，实际上是给人们提出了又一个难以解答的问题。为什么在火、木星之间不是一颗大行星而是一群小行星？它们是怎样产生的呢？

早在1807年，那位发现第二颗和第四颗小行星的奥勃斯，就首先试图解释这一成因。他在写给一位天文学家的信中说：小行星的数量如此之多，只能是由于一颗大行星破裂后还在原来的

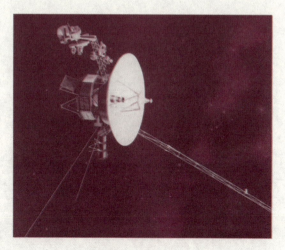

旅行者1号航天器

轨道上运转的碎片。特别是后来发现，很多小行星的形状极不规则，怪石嶙峋的状态，倒是很像破碎的产物，这一假说似乎更加有力了。可是，小行星中也有很规则的球形星体，这又怎样解释呢？即使的确是一颗大行星破裂的结果，那么，为什么破裂了呢？是碰撞，还是爆炸？这些问题似乎都没有什么有力的证据。

于是，又有人出来设想，说这群小行星原来可能是围绕木星运转的一圈碎石块，就像土星的光环那样，由于某种原因，木星的这圈光环断裂了，组成光环的碎块，像一串断了线的珍珠，撒落到了火、木星之间，成为我们今天看见的小行星群。这个多少有点过于胆大的假想，在当时没有得到多少人的支持。如果今天我们还想和这个假说争论一下的话，最有力的材料，恐怕就是美国旅行者—1号航天器，1979年3月，从木星发回的照片发现，木星周围的光环"依然"存在。

后来又有一种比较流行的假说认为，这些小行星不是大行星破裂的碎块，它本身就是在太阳系形成的初期，由于某种原因未能聚集成大行星的那些原始材料。可能它们现在正处在形成一颗大行星的过渡状态之中。

假说毕竟是假说，要真正弄清小行星群的成因，要比找到它更加困难得多。因为这最终还是一个天体演化的问题，而目前我们对天体的演化，了解得实在太少了。

知识点

行　星

　　行星通常指自身不发光，环绕着恒星运转的天体。一般来说行星需具有一定质量，行星的质量要足够的大（相对于月球）且近似于圆球状，自身不能像恒星那样发生核聚变反应。2007年5月，麻省理工学院一组太空科学研究队发现了宇宙中最热的行星（2 040℃）。而2010年经后续观测证实编号为WASP－33b行星的温度竟高达3 200℃！

如何定义行星这一概念在天文学上一直是个备受争议的问题。国际天文学联合会大会 2006 年 8 月 24 日通过了"行星"的新定义，这一定义包括以下 3 点：

1. 必须是围绕恒星运转的天体；

2. 质量必须足够大，来克服固体应力以达到流体静力平衡的形状（近于球体）；

3. 必须清除轨道附近区域，公转轨道范围内不能有比它更大的天体。

行星是如何形成的呢？在一个恒星边上，可能吸收了比较多的宇宙灰尘聚集，拿太阳举例：太阳大约在 40 亿年前，就吸收很多灰尘，灰尘之间互相碰撞，粘到一起。长期以来，出现了大量的行星胚叫做星子，当时至少有几十亿的星子围绕太阳运动。星子之间作用规律是：两个星子如果大小差距悬殊，并且彼此的速度不大，碰撞以后，小星子就会被大星子吸引而被吃掉。这样，大的星子越来越大。如果两个星子大小差不多，彼此速度很大，它们碰撞后就会破裂，形成许多小块，而后，这些小块又陆续被大星子吃掉。这样，星子越来越少。大行星就是当时比较大的星子，无数小行星就是当时互相吞并时而没有被吃掉的幸运儿。

延伸阅读

高斯（Johann Carl Friedrich Gauss）（1777 年 4 月 30 日—1855 年 2 月 23 日），生于不伦瑞克，卒于哥廷根，德国著名数学家、物理学家、天文学家、大地测量学家。高斯被认为是最重要的数学家，并拥有数学王子的美誉。

1792 年，15 岁的高斯进入 Braunschweig 学院。在那里，高斯开始对高等数学作研究。独立发现了二项式定理的一般形式、数论上的"二次互反律"（Law of Quadratic Reciprocity）、质数分布定理（prime numer theorem）、及算术几何平均（arithmetic－geometric mean）。

1795 年高斯进入哥廷根大学。1796 年，19 岁的高斯得到了一个数学史上极重要的结果，就是《正十七边形尺规作图之理论与方法》。

1855 年 2 月 23 日清晨，高斯于睡梦中去世。

他幼年时就表现出超人的数学天才。11 岁时发现了二项式定理，17 岁时发明了二次互反律，18 岁时发明了正十七边形的尺规作图法，解决了两千多年来悬而未决的难题，他也视此为平生得意之作，还交代要把正十七边形刻在他的墓碑上，但后来他的墓碑上并没有刻上十七边形，而是十七角星，因为负责刻碑的雕刻家认为，正十七边形和圆太像了，大家一定分辨不出来。他发现了质数分布定理、算术平均、几何平均。21 岁大学毕业，22 岁时获博士学位。1804 年被选为英国皇家学会会员。从 1807 年到 1855 年逝世，一直担任哥廷根大学教授兼哥廷根天文台长。在成长过程中，幼年的高斯主要得益于母亲和舅舅。高斯的外祖父是一位石匠，30 岁那年死于肺结核，留下了两个孩子：高斯的母亲罗捷雅、舅舅弗利德里希。弗利德里希富有智慧，为人热情而又聪明能干，投身于纺织贸易颇有成就。他发现姐姐的儿子聪明伶利，因此他就把一部分精力花在这位小天才身上，用生动活泼的方式开发高斯的智力。若干年后，已成年并成就显赫的高斯回想起舅舅为他所做的一切，深感对他成才之重要，他想到舅舅多产的思想，不无伤感地说，舅舅去世使"我们失去了一位天才"。正是由于弗利德里希慧眼识英才，经常劝导姐夫让孩子向学者方面发展，能使得高斯没有成为园丁或者泥瓦匠。

高斯不仅是数学家，还是那个时代最伟大的物理学家和天文学家之一。在《算术研究》问世的同一年，即 1801 年的元旦，一位意大利天文学家在西西里岛观察到在白羊座（Aries）附近有光度八等的星移动，这颗现在被称作谷神星（Ceres）的小行星在天空出现了 41 天，扫过 8°角之后，就在太阳的光芒下没了踪影。当时天文学家无法确定这颗新星是彗星还是行星，这个问题很快成了学术界关注的焦点，甚至成了哲学问题。黑格尔就曾写文章嘲讽天文学家说，不必那么热衷去找寻第八颗行星，他认为用他的逻辑方法可以证明太阳系的行星，不多不少正好是七颗。高斯也对这颗星着了迷，他利用天文学家提供的观测资料，不慌不忙地算出了它的轨迹。不管黑格尔有多么不高兴，几个月以后，这颗最早发现迄今仍是最大的小行星准时出现在高斯指定的位置上。自那以后，行星、大行星（海王星和冥王星）接二连三地被发现了。

在物理学方面高斯最引人注目的成就是在 1833 年和物理学家韦伯发明了

有线电报，这使高斯的声望超出了学术圈而进入公众社会。除此以外，高斯在力学、测地学、水工学、电动学、磁学和光学等方面均有杰出的贡献。即使是数学方面，我们谈到的也只是他年轻时候在数论领域里所做的一小部分工作，在他漫长的一生中，他几乎在数学的每个领域都有开创性的工作。例如，在他发表了《曲面论上的一般研究》之后大约一个世纪，爱因斯坦评论说："高斯对于近代物理学的发展，尤其是对于相对论的数学基础所作的贡献（指曲面论），其重要性是超越一切，无与伦比的。"

木 星

　　木星是太阳系中距离太阳最近的一颗类木行星，这些类木行星的体积十分巨大。同类木行星相比，类地行星看来就像是微不足道的碎块。

　　木星是太阳系中最大的行星，直径约 14.3 万千米，比地球大 11 倍，体积大 1 345 倍，质量大 318 倍。木星的体积超过了太阳系中其他七个行星的体积总和。

　　木星虽然个子很大，奇怪的是它的自转速度却非常快，只要 9 小时 50 分钟就自转一周，差不多比地球自转速度快 1.5 倍。因此，木星上的一昼夜只有约 10 小时，成为太阳系中自转最快的行星。正是这种快速自转，使它成为一个十分明显的赤道部分突出，两极向内缩进的扁球体。

　　木星由于体积大，反射太阳光的能力强，在通常的情况下，它比水星亮，仅次于金星、月亮

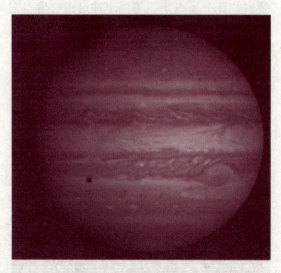

木 星

和太阳，是全天第四颗最亮的星。

木星的大气

　　在望远镜里，木星是一个金黄色的大扁球。最引人注目的是它的表面上分布着一条条五光十色、不断移动的横向大彩带，和一些黄的、红的、淡绿色的斑点。这些斑点忽少忽多，忽隐忽现，给木星披上了一层变幻莫测的神秘色彩。特别有意思的是在这些大彩带中还夹着一块巨大的"红疤"。这块位于木星"南热带"的椭圆形大红斑，长达2万多千米，宽约1.1万多千米。自从1660年第一次发现它以来，300多年中，虽然它几度消失又几度出现，但除了颜色和亮度有时发生一些变化外，其形状和大小几乎没有什么改变。1890年，在这块大红斑的同一纬度上又发现一块大黑斑。大黑斑移动得很快，好像去追赶大红斑似的，不断向它逼进。人们不知道它们的"相撞"会发生什么意想不到的事情。天文学家们通夜守候在望远镜旁，唯恐漏掉了这个难得的机会。结果，什么事情也没有发生。看见的只是当大黑斑与大红斑相遇时，大红斑向旁边"让"了一下，等黑斑冲过去之后，它又安详地回到自己原来的位置上。

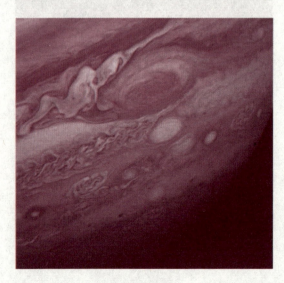

木星大红斑

　　以后若干年，又相继发生了几次类似的现象，而每次都是"以礼相让"而告终。木星上这些奇怪的现象究竟是些什么东西呢？可惜，一层厚厚的大气包着它，实在难见"庐山真面目"。自从伽利略时代以来，人们就采用可见光谱、红外光谱以及射电波谱等各种手段，对它进行了长期而耐心的观测，可是，在这片五光十色的大气下面究竟有些什么奥秘，始终无法知道。

流体星球

1972 年，美国发射的先锋—10 号航天器，经过 21 个月的长途飞行，于 1973 年 12 月第一次逼进距木星 13.14 万千米的位置，沿着木星赤道平面绕过木星的右侧。一年以后，1974 年 12 月，另一个航天器先锋—11 号，又飞抵木星。这次逼进木星 4 万千米，从左侧掠过木星上空翻滚的云层。1979 年 3 月 5 日，旅行者 1 号宇宙飞船，经过一年半左右的飞行，再次飞过木星。这些航天器先后发回了几千张关于木星的云层、木星的一些卫星的彩色照片以及磁场、高能质点、等离子体、红外线和紫外线等新资料，使人们第一次了解到一些木星的细节。

航天器探测表明，木星可能只是在中心有一个主要由铁和硅组成的小内核，内核之外是一层厚达 7 万千米的氢壳层，这个壳层几乎构成木星的全部质量和体积。根据组成这个壳层的物质——氢的不同性状，可以划分为内外两层，这两层虽然都是液体，但它们的物理状态却不相同。内层从中心向外伸展约 4.6 万千米，温度高达 11 000℃，压力约为 300 万个地球大气压，氢处于液化金属状态。这是一种在极高压环境中的产物。我们知道，当压力超过 100 万个大气压力时，氢原子就会碎裂而使其电

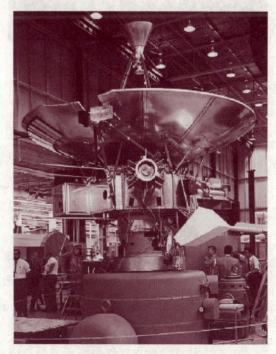

组装过程中的先锋—10 号

子从原子核中分离，氢就变成了金属。大家相信，组成木星内层的就是这种奇怪的材料。外层厚约 2.4 万千米，这一层内主要是由分子状态的液态氢组成

的。因此，直到今天人们才知道，木星竟然是一个流体行星，在这层流体表面外，包裹着一层厚约 1 000 千米的、主要由氢和氦组成的大气层。

木星2

航天器上的紫外线仪测量证明，在木星的大气中，氢占大气总成分的 82%，氦占 17%，其余是乙炔、乙烷、甲烷和磷化氢等其他气体。

这种成分的组成，不禁使人想起了太阳。大家知道，在太阳的大气成分中氢占 88%，氦占 11%。难怪有些科学家始终怀疑木星是太阳系原始凝聚物的剩余物质，说它不像行星而很像太阳，也许它就是一颗"小恒星"，看来是有一定道理的。当然，航天器还告诉我们，木星的最高云层几乎都是由氨形成的雪片。

那么，人们以前观测到的大红斑又是什么呢？根据航天器拍摄的照片估计，看来它是高耸在木星上空 10 千米高处的漩涡状云块，性质可能是一团激烈上升的气流，有点像地球上的飓风。从先锋—11 号航天器对它拍摄的高分辨率照片中看，其中似乎还有环状结构，说明它的动力过程要比地球上的风暴复杂得多。在它的下部还发现有闪电现象。

1973 年，先锋—10 号航天器在木星的北半球又发现一个形状与颜色都与大红斑相似的小红斑。可是，一年以后，先锋—11 号飞过木星时，小红斑开始消失，说明它的寿命可能最多只有两年。这似乎也说明红斑的产生只是气旋扰动的结果。

至于为什么常常出现红色？可能是气流中含有红磷化合物的结果。

长期使人迷惑不解的是横向大彩带和那些不断变幻的斑点，看来也是由于木星快速自转而产生的大气环流和剧烈翻腾的漩涡造成的。

木星的热辐射

　　木星上的大气为什么会产生如此大规模的扰动？这个问题单用自转速度快来解释似乎是不够的，因为人们知道，地球上的云层也会不断地移动，产生这种移动的原因，主要是太阳辐射在地球表面产生的热差异而引起空气对流的结果。而木星离太阳的距离几乎5倍于地球，它所得到的太阳热能，显然不足以引起云层如此猛烈的扰动。哪里来的能量呢？航天器送回来的环境数据告诉我们，木星大气层的温度高得出乎意料，高层大气的温度为127.3℃，而低层大气的温度可能高达427℃左右。这样高的温度，说明木星一定另有热源，否则不会产生这样反常的现象。果然，航天器上的仪器测到木星向外辐射的热量大约是它接受太阳的辐射热量的2.5倍。这种支出多于收入的现象，证明了长期以来人们关于木星能够辐射热量的推测是存在的。剧烈翻滚的云层，就是由木星内部的热量从下面对流加热的结果。就像烧开水时是从壶的下面加热那样。至于表层看到的那些引人入胜的色彩，只能用大气的化学成分来解释。但是，光谱仪器证实，木星大气中的主要成分如氢、氦、氨、乙烷、甲烷等等都是无色的。正常情况下不会产生人们看到的那些五颜六色。因此，必定还有其他状态或新的物质有待于我们去继续发现。

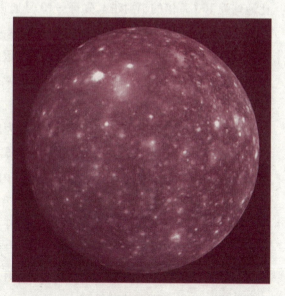

木星大气层

　　木星内部辐射热量的事实，其意义远不止于解释木星表面这些美丽图案的成因。因为人们知道，太阳本来也是非常微弱的，它刚从星际气体和尘云凝聚的初期，中心温度并不很高，后来由

JIEDU WOMEN SHENGGUN DE TIANTI TAIYANGXI

于气体巨球不断收缩（相当于物质向中心坠落）而放出引力能转变为热，等中心温度到达几百万摄氏度以后，热核聚合反应才开始，才成为这个光芒万丈的大火球。木星是不是当年的太阳？是不是也正在收缩而成为一个可以自身发光的星球呢？将来会不会在太阳系内出现一对双星呢？当然，这种认识目前还有人反对。如果真是这样，将来太阳系的结构会发生什么样的变化？这也许是人们渴望了解木星状况的原因。

磁场和磁层

航天器还发现了木星的磁场和辐射带的情况。虽然早在20世纪50年代就知道木星可能和地球一样具有磁场，但对它的详细情况并不清楚。先锋号航天器飞越木星后，人们才知道木星的磁场强度比地球磁场强度高10倍以上（约为4高斯），由于木星自转很快，总磁力估计是地球磁力的万倍以上。特别有趣的是，木星的磁极方向恰恰与地球相反，它的S极在南极附近，而地球的S极是在北极附近的。围绕着木星强磁场磁力线旋转着的高能粒子，形成了一个比地球强100万倍的辐射带。先锋—10号逼进木星时，就遇到了超过35兆电子伏的大量粒子流，最高达每秒每平方厘米400万个粒子。猛烈的辐射"暴风"，使航天器上的几台仪器也失灵了，严重地影响了飞船向木星逼进。这个现象提示人们，如果进一步对木星进行考察的话，这是一个值得认真考虑的问题。

木星具有很强的磁场，其磁偶极矩约为地球的20 000倍。由于磁矩大，这里的太阳风比较微弱。由于木星的快速自转，木星磁层在赤道面附近有大尺度的盘状结构。整个磁层可分为3个区域：内区、中介区和外区。内区到木星的距离在140万千米以内，是偶极场，具有和地球范·艾伦带很相似的强辐射带。中介区到木星的距离在140万～420万千米，这里的磁力线被木星自转所产生的离心力，以及从木星大气顶部出来的等离子体流所歪曲，整个区域都按木星自转速度旋转。外区离木星420万～630万千米，这里磁场相当微弱，在磁层边界的地方，磁场趋向于零。

木星的磁场是偶极场，磁场的S极和N极正好和地球相反。也就是说，罗盘在地球上和在木星上，指针所指的方向正好相反。木星的磁轴与它的自转轴之间的夹角大约为11°。

过去，人们只知道土星和天王星有环带。1979年3月，从"旅行者1号"航天器发回的照片分析发现，木星也有一个巨大的环围绕着它运转，这个由无数暗色碎石块组成的环带，宽约数千千米，厚约30千米，它在距木星中心约12.8万千米的位置上。围绕木星转一周约需7个小时。这一发现，使太阳系内有环带的行星增加到3个。科学家们认为，它对于进一步了解太阳系的起源，有着非常重要的科学价值。

木星环带

木星的66颗卫星

木星庞大的卫星群恐怕是太阳系最为壮观的景象了。木星拥有66颗已确认的天然卫星，使它成为太阳系中卫星最多的行星。

1610年伽利略发现的这4颗卫星分别叫木卫一、木卫二、木卫三和木卫四，欧洲人把它们分别叫做伊奥、欧罗巴、加尼默德和卡里斯特，一般将它们统称为伽利略卫星。

1892年，美国天文学家巴纳德在望远镜中发现了木卫五，它是在木卫一轨道内运行的卫星。1904年以后，用照相方法又陆续发现了8颗木星卫星。到1979年10月为止，人们已发现木星有13颗卫星。1979年3月5日和7月8日，"旅行者—1号"和"旅行者—2号"分别对4颗伽利略卫星拍摄了详细的近镜头照片，为人类研究木星卫星提供了宝贵的资料。"旅行者"宇宙飞船在木星附近旅游的时候，又发现了木卫十四、木卫十五和木卫十六。如果把木星和它的卫星组成的系统看作一个家庭，那么木星家庭是个"人丁"兴旺的家庭。

　　根据这些卫星距离木星的远近，可以划分为内外两群。靠近木星的一群，一共有 5 颗，称为内卫星，即木卫—1 到木卫—5，其中 4 颗最大、最亮的是伽利略发现的，所以又叫做伽利略卫星，它们的共同特点是大而明亮。其中木卫—3 直径达 4 900 千米，比水星（直径 4 878 千米）还大，比月亮大 1/3。这群卫星围绕在木星赤道平面附近，沿着几乎圆形的轨道运转，自转周期与公转周期相同。因此，和月亮与地球的关系一样，也是永远一面朝着木星。距离较远的一群共有 10 颗，称为外卫星，即木卫—6 到木卫—15，它们的体积都比较小。最

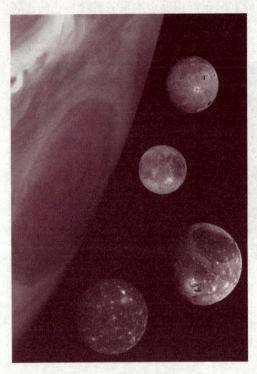

木星的卫星

小的木卫—13 直径只有 8 千米，而且距木星的距离又远，平均达 1 000 多万千米。因此，不仅亮度很小，运行的轨道也不规则，独自走着与众不同的拉长的道路，运转方向也与其他卫星完全相反。有些人认为这些小卫星，可能原来是位于火星与木星间的小行星，后来，在木星与太阳的"拔河"比赛中，被木星强大的引力从太阳的重力场内抢过来的。至于它们还有些什么奥秘？在地球上就很难观测到了。

　　航天器所探测发现距离木星愈远的卫星，密度愈小，这和太阳系的行星，随着距太阳距离的加大而密度减小的情况完全是一致的。航天器还告诉我们，一些较大的卫星，不仅表面上覆盖着一层氨、氮、二氧化碳及水的冰状混合物，有的还包裹着一层稀薄的、但厚度达 100 多千米的大气层。直径达 3 240 千米的木卫—1 上面，还发现至少有 6 个活火山正在以每小时 1 600 千米的速度，喷发着气体和固体物质，喷射物的高度达 480 千米，喷发的强度比地球上的火山大得多。这是太阳系中除地球外，第一次发现另外一个天体上的火山喷

发，难道木星真是一个"小太阳系"吗？当然，现在要得出这种结论，显然还为时过早。不过，这些现象对于我们进一步探索天体的演化，无疑是极其宝贵的。

总的来说，目前人们对太阳系内这颗最大的行星，认识还是极其肤浅的。即是飞过它的航天器，也仅仅是在它几万千米的高空掠过。至于木星的表面或内部，现在都是不可接近的。不能像对金星、火星那样使航天器下降到那怕是木星大气层的底部去看看。

木星上的木卫一

要知道，巨大的压力足以把现阶段的任何航天器压成锡箔；何况流体的表面使任何着"陆"的想法都变得更加困难。当然，人就更加难以涉足其上了。那么，毫无办法了吗？不，科学技术总是在克服重重险阻中不断前进的。有人已经在设想，是不是可以发射一种耐高压的航天器漂浮在木星上进行探测？或者干脆在某一个木星的卫星上建立一个观测站来摸清它的秘密呢？当然，这些想法现在看来还相当遥远。但是，当我们想到从 1903 年出现第一架飞机到今天，人类只用了 70 多年的时间就使自己登上了月球，并发射航天器飞出太阳系。那么，这些设想不是已经展现在我们的面前了吗？

▶▶ 知识点

光 谱

光谱是复色光经过色散系统（如棱镜、光栅）分光后，被色散开的单色光按波长（或频率）大小而依次排列的图案，全称为光学频谱。光谱中最大的一部分可见光谱是电磁波谱中人眼可见的一部分，在这个波长范围内的电磁辐射被称作可见光。光谱并没有包含人类大脑视觉所能区别的所有颜色，譬如褐色和粉红色。

光波是由原子内部运动的电子受激发后由较高能级向较低能级跃迁产生的。各种物质的原子内部电子的运动情况不同，所以它们发射的光波也不同。研究不同物质的发光和吸收光的情况，有重要的理论和实际意义，已成为一门专门的学科——光谱学。

发射光谱物体发光直接产生的光谱叫做发射光谱。发射光谱有两种类型：连续光谱和明线光谱。

高温物体发出的白光（其中包含连续分布的一切波长的光）通过物质时，某些波长的光被物质吸收后产生的光谱（或具有连续谱的光波通过物质样品时，处于基态的样品原子或分子将吸收特定波长的光而跃迁到激发态，于是在连续谱的背景上出现相应的暗线或暗带），叫做吸收光谱。

由于每种原子都有自己的特征谱线，因此可以根据光谱来鉴别物质和确定它的化学组成。这种方法叫做光谱分析。做光谱分析时，可以利用发射光谱，也可以利用吸收光谱。这种方法的优点是非常灵敏而且迅速。某种元素在物质中的含量达 10^{-10}（十亿分之一）克，就可以从光谱中发现它的特征谱线，因而能够把它检查出来。光谱分析在科学技术中有广泛的应用。例如，在检查半导体材料硅和锗是不是达到了高纯度的要求时，就要用到光谱分析。在历史上，光谱分析还帮助人们发现了许多新元素。例如，铷和铯就是从光谱中看到了以前所不知道的特征谱线而被发现的。光谱分析对于研究天体的化学组成也很有用。19世纪初，在研究太阳光谱时，发现它的连续光谱中有许多暗线（其中只有一些主要暗线）。最初不知道这些暗线是怎样形成的，后来人们了解了吸收光谱的成因，才知道这是太阳内部发出的强光经过温度比较低的太阳大气层时产生的吸收光谱。仔细分析这些暗线，把它跟各种原子的特征谱线对照，人们就知道了太阳大气层中含有氢、氦、氮、碳、氧、铁、镁、硅、钙、钠等几十种元素。

延伸阅读

　　热辐射，是热量传递的 3 种方式之一。一切温度高于绝对零度的物体都能产生热辐射，温度愈高，辐射出的总能量就愈大，短波成分也愈多。热辐射的光谱是连续谱，波长覆盖范围理论上可从 0 直至 ∞，一般的热辐射主要靠波长较长的可见光和红外线传播。由于电磁波的传播无需任何介质，所以热辐射是在真空中唯一的传热方式。

　　温度较低时，主要以不可见的红外光进行辐射，当温度为 300℃时热辐射中最强的波长在红外区。当物体的温度在 500℃以上至 800℃时，热辐射中最强的波长成分在可见光区。关于热辐射，其重要规律有 4 个：基尔霍夫辐射定律、普朗克辐射分布定律、斯蒂藩－玻耳兹曼定律、维恩位移定律。这 4 个定律，有时统称为热辐射定律。

　　物体在向外辐射的同时，还吸收从其他物体辐射来的能量。物体辐射或吸收的能量与它的温度、表面积、黑度等因素有关。但是，在热平衡状态下，辐射体的光谱辐射出射度（见辐射度学和光度学）$r(\lambda, T)$ 与其光谱吸收比 $a(\lambda, T)$ 的比值则只是辐射波长和温度的函数，而与辐射体本身性质无关。

　　上述规律称为基尔霍夫辐射定律，由德国物理学家 G·R·基尔霍夫于 1859 年建立。式中吸收比 a 的定义是：被物体吸收的单位波长间隔内的辐射通量与入射到该物体的辐射通量之比。该定律表明，热辐射辐出度大的物体其吸收比也大，反之亦然。

　　黑体是一种特殊的辐射体，它对所有波长电磁辐射的吸收比恒为 1。黑体在自然条件下并不存在，它只是一种理想化模型，但可用人工制作接近于黑体的模拟物。即在一封闭空腔壁上开一小孔，任何波长的光穿过小孔进入空腔后，在空腔内壁反复反射，重新从小孔穿出的机会极小，即使有机会从小孔穿出，由于经历了多次反射而损失了大部分能量。对空腔外的观察者而言，小孔对任何波长电磁辐射的吸收比都接近于 1，故可看作是黑体。将基尔霍夫辐射定律应用于黑体，由此可见，基尔霍夫辐射定律中的函数 $f(\lambda, T)$ 即黑体的光谱辐射出射度。

土 星

　　土星是仅次于木星的第二大行星。和木星一样，土星的大部分是由氢和氦组成的。这些物质在靠近土星中心的地方，被压缩成液态。然而事实上，土星的密度相当小——只有水的密度的70%。土星和木星旋转得几乎一样快。而且由于它的密度较低，它的自转使它变得更加扁平了。土星两极间的直径，较其赤道上的直径足足要少1/10。

　　土星有为数众多的卫星。精确的数量尚不能确定，所有在环上的大冰块理论上来说都是卫星，而且要区分出是环上的大颗粒还是小卫星是很困难的。到2009年，已经确认的卫星有66颗，其中52颗已经有了正式的名称。

土星和它的光环以及众卫星

　　其中土卫六的特殊之处在于，它是太阳系中两个最大的卫星之一（另一个是木卫三）。土卫六和木卫三的体积都是月球体积的1.5倍。但土卫六的密度相当低。它可能大部分是由冰一类的物质组成。土卫六可能也是太阳系中唯一的一个具有大气层的卫星（如果我们把木卫一的神秘的氢云除外）。借助光谱分析，已经检验出土星大气中有甲烷和氢气；而且有些观察者已经推测，那里可能也存在着有机化合物。那里的气体密度相当大，而且大气的压力可以达到地球表面的大气压。

美丽的外貌

土星是太阳系中一颗美丽的行星，淡黄的球体，浅蓝的极区，腰间缠绕一道美丽的光环，形状舒展，比例恰当，具有无比诱人的魅力。直到今天，它还是艺术家笔下的"常客"。

土星轨道在木星轨道外面，所以它到太阳的距离比木星远。18 世纪以前，人们一直以为它是太阳系的边界，直到 1781 年英国业余天文学家威廉·赫歇耳用望远镜发现了天王星，才改变了这种看法。

用望远镜看土星，它周围有一圈明亮的光环，像是戴了一顶漂亮的草帽，所以有人送它一个雅号：戴草帽的星。在西方，用罗马神话中农神萨图恩的名字来称呼它，中国古代叫它填星或镇星。

土　星

土星和木星一样，有巨大的身躯和巨大的质量。它们像是一对孪生兄弟，都属于巨行星。在八大行星中，它的大小和质量都名列第二，仅次于木星。土星体积是地球的 745 倍，质量是地球的 95 倍。

土星概况

土星沿着椭圆形轨道绕太阳公转，因此它到太阳的距离时远时近，最近和最远时距离相差 1.5 亿千米，正好等于地球到太阳的平均距离。土星到太阳的平均距离大约 14 亿千米，是地球轨道平均半径的 9.5 倍。土星公转的平均速度约为每秒 9.64 千米，29.5 年绕太阳公转一圈。

土星也是快速自转的，但比木星稍微慢一点。土星的自转速度各地不相等，赤道上自转一周 10 小时 14 分钟。纬度越高，自转越慢，到纬度为 60°的地方，自转一周需要 10 小时 40 分钟了。快速自转使土星变成一个扁球。

土星的轨道面与赤道面的交角是 26°44′，比地球的黄赤交角大。因此，土星上也有昼夜交替和四季变化。土星的昼夜很短，而四季却很长，一个土星春秋竟有 2 万多个土星昼夜！

土星也是天空中的亮星，最亮时是负 0.4 等星，比天狼星还亮，一般情况下，它的亮度可与天空中最亮的恒星相比。

用望远镜看土星，漂亮的光环和众多的卫星立刻映入我们的眼帘，此外，还可看到它上空缭绕着色彩斑斓的云带。土星的云带像木星那样，排成彩色的亮带和暗纹，所不同的是，土星云带比木星规则，色彩不如木星鲜艳。土星云带以金黄色为主，兼有淡黄和橘黄等色，极区呈浅蓝色。

土星2

土星没有大红斑，但有时会出现白斑，最著名的白斑是英国喜剧演员海在 1933 年 8 月发现的。这个白斑出现在土星赤道区，呈花生果形，长度为土星直径的 1/5。

以后不断扩大，几乎蔓延到整个土星赤道带。

土星周围也有一层大气。土星的大气以氢、氦为主体，并含有甲烷和其他气体。土星大气中飘浮着稠密的氨晶体组成的云。根据红外观测，云顶的温度为 -155℃，比木星上空温度低。由于温度低以及只有具有每秒 35.6 千米速度的物质才能逃离土星，所以土星形成时所拥有的全部氢和氦现在都保留着。

土星大气似乎也有强烈的对流，因此，也刮着每小时数百千米的大风，表面上那些带状斑纹，看来正是这个原因造成的。此外，它的两极都"戴"着一顶淡蓝色的"帽子"——极冠，这是木星所没有的特点。

由于土星距太阳如此遥远，从太阳得到的很少的热量，使土星成为一颗温度很低的星球。红外线测量发现，云层上端的温度约为 -150℃左右。至于云层下部的情况如何，目前还不知道。

1937 年，维尔特提出关于土星内部结构的模型。根据这个模型，土星有一个直径为 20 000 千米的岩石核心，外面是 5 000 千米厚的冰壳，再外面是 8 000 千米厚的金属氢层，最外面是广延的分子氢大气。

土星光环

在望远镜里看星星，除了月亮以外，最好看的莫过于土星了。土星美，美在光环，美丽的土星光环早已名扬四海。近年来，空间探测又使它再展新姿。

土星环是伽利略在 1610 年首先看到的。当时，他用自制的望远镜观察土星时，发现土星球体旁边有两个小星似的东西在不断地变小，

土星光环

两年后竟然不见了。到 1616 年，这两个"小东西"又出现了。可是直到伽利略告别人间时，他也没弄清这两颗"小星"是什么。他万万没想到这是他的一大发现！

40 年过去了，1656 年，荷兰科学家惠更斯用更大更好的望远镜揭开了这个谜。原来这是一个光环。惠更斯认为，土星被一个薄的环包围着，这个环并不和土星接触。当时，人们认为光环是整体一块，是一个固体环。1675 年，意大利天文学家卡西尼在土星光环中发现一圈空隙，这就是著名的卡西尼隙缝。

惠更斯

1856 年，英国物理学家麦克斯韦证明，固体光环是不稳定的，要碎裂和瓦解。从此人们才清楚，光环是由无数个小碎块组成的。它们是一个个微小的卫星，沿着自己的轨道绕土星公转。千万颗碎块散布在轨道各处，浩浩荡荡，并排向前走，从远处望去才构成一个美丽的光环。美国科学家基勒用观测证明了麦克斯韦的理论。

土星光环位于土星赤道面上，由 3 个主环和 3 个暗环组成。3 个主环是 A 环、B 环和 C 环，A 环在外，C 环在里，B 环居于中间。主环的内边缘离土星中心 75 000 千米，外边缘离中心 137 000 千米，宽约 60 000 千米，可以容纳 5 个地球在上面赛跑。

B 环既宽又亮，内半径为 90 000 多千米，外半径为 110 000 多千米，宽 25 000 千米。B 环和 A 环中间有宽约 5 000 千米的隙缝，这就是卡西尼隙缝。A 环宽约 15 000 千米，比 B 环暗。C 环又称纱环，宽约 20 000 千米，很暗。1969 年，在 C 环内发现更暗的 D 环，它几乎触及土星表面。后来，又在 A 环外面发现了非常稀薄的 E 环，它一直延伸到土卫四。1979 年，"先驱者 11 号"宇宙飞船又在土卫五和土卫六之间发现了第六个光环，这就是 F 环。它有时呈辫状结构，好像几个环扭结而成的。

"旅行者"宇宙飞船飞过土星时，发现土星光环是由成千上万条细而窄的环构成的。土星环好像一张大唱片，唱片上密密麻麻的细纹就像土星的细环，即使在公认为没有物质的环缝中，也能找到几条细环。是什么机制维持住这样的细而窄的环呢？是密度波，还是游荡的"牧羊卫星"？至今还没有定论。

土星的磁层

说过了土星家族，谈过了美丽的光环，不能不介绍一下包围在土星外围的看不见结构——土星磁层。

长期以来，土星磁层一直不为世人所知，直到宇宙飞船飞到土星上空，才发现。

土星磁层是一个复杂的结构，其大小大约相当于1/3个木星磁层。向阳面磁顶到土星的距离约为160万千米。

先驱者 11 号

土星磁层是一个由磁场、带电粒子和无线电讯号等一起组成的特殊区域，它对可见光是透明的。至于它里面的复杂过程，在一般的天文照片上是看不出来的。因此，很长时间以来，人们不知道宇宙中还有这么一个有趣的结构存在。

　　第一次看见土星磁层的是美国发射的"先驱者—11号"，但它只看到土星有磁场存在，对磁层的详细情况还一无所知。它只指出，土星磁场是偶极场，偶极轴相对于行星中心有不大的位移，偶极轴与行星自转轴几乎平行。

　　后来，"旅行者1号"不仅证实了"先驱者11号"的全部发现，还获得许多新成果。它发现，在距离土星小于10个土星半径的地方，土星磁场小于偶极场；在距离土星大于10个土星半径的地方，土星磁场大于偶极场。这表明在土星周围有较强的运动电荷存在。

　　人们曾经预料，太阳风同行星磁层的作用使磁层形状发生变化：在向阳面上受到压缩，在背阳面上被拉长成开放式的磁尾。"旅行者—1号"接近土星时所观测到的磁层形状正是这样的。不过由于土星离太阳较远，在土星附近太阳风速度较小，磁尾被拉长得不是太厉害。测量还表明，土星磁尾中磁场的大小和方向都有不大的变化，变化周期都比较长。

　　在地球的极区，天空经常能看到五彩缤纷的极光，它们是地球磁层中带电粒子流注入极区电离层时同大气中粒子碰撞激发而成的。土星上也有大气，也有磁场，那里有没有极光呢？有。早在"先驱者11号"飞到土星附近时，就发现土星有极光现象了。不过土星极光与地球极光不同，地球极光在可见光波段能看到，而土星极光在紫外线波段才能看到。

　　磁层好比裹在行星身上的外衣。这层外衣是技术精湛的魔术衣，能做很多出色的表演。

　　物理学家和天体物理学家把这些表演叫做物理过程。天体物理学家们通过对这些物理过程的分析和探索，能了解行星上许多有关的知识。因此，他们对磁层的研究非常感兴趣。

　　土星是第六个被发现有磁层的行星。目前虽然有3艘宇宙飞船对它进行了直接探测，但对它的研究还是很不够的。

土星的 66 颗卫星

自从赫歇耳在 1789 年发现第一颗土星卫星以来，经过数百年的地面辛勤观测和 3 艘宇宙飞船的"采访"，截止 2009 年，已确定土星有 66 颗卫星，成为太阳系中卫星最多的一个行星。不仅如此，地面观测还发现有几颗可疑的土星卫星，虽然远没有确定，说不定其中几个也是土星家族的成员。

在这 60 多个"土卫"中，已知土卫九（或许还有土卫八）是逆向运行。其他多数都是公转周期等于自转周期，因此，它们像月亮对地球那样，始终以同一面对着土星。除了土卫八和土卫九以外，都是规则卫星，它们以近圆形轨道在土星赤道面上顺向绕土星运行。

按照到土星距离由近到远排列，1981 年以前发现的 17 颗"土卫"是：土卫十七、土卫十六、土卫十五、土卫十

土星和四颗卫星

一、土卫十、土卫一、土卫二、土卫三、土卫十三、土卫十四、土卫四、土卫十二、土卫五、土卫六、土卫七、土卫八和土卫九。

土卫六又名提坦，它是 1655 年被惠更斯发现的，其半径 2 575 千米，过去一直认为它是太阳系中最大的卫星。由于"旅行者—1 号"的精确测定，才把它从冠军的地位上拉了下来，降到了亚军的位置。它在距离土星平均约 122.1 万千米的轨道上绕土星旋转。最近，在这颗大卫星上，发现有一层主要是甲烷组成的大气包裹着它。

土卫八半边亮半边暗，亮的半边如同白雪，暗的半边好像沥青，两者亮度

相差 5～6 倍。这是一颗不规则卫星。它的轨道平面与土星赤道面的夹角是 14.7°，与土星轨道平面的夹角是 16.3°。

土卫九是 1898 年发现的，是目前已知的最小的土星卫星，直径只有 300 千米，在一个偏心率为 0.163 3 的椭圆形轨道上绕土星公转，其轨道面与土星赤道面的交角约为 150°，是一个运动方向与其他"土卫"相反的卫星，而且绕土星转一圈要花地球上一年半那么长的时间。

土卫十一至土卫十七都是些"小个子"。它们的半径都只有几十千米。最小的土卫十七，半径只有十几千米。

►► 知识点

氢

　　氢是一种最原始的化学元素，化学符号为 H，原子序数是 1，在元素周期表中位于第一位。它的原子是所有原子中相对原子质量最小的。氢通常的单质形态是气体。它是无色无味无臭，极易燃烧的由双原子分子组成的气体，氢气是已知最轻的气体。它是已知宇宙中含量最高的物质。氢原子存在于水及所有有机化合物和活生物中。导热能力特别强，跟氧化合成水。在 0℃ 和一个大气压下，每升氢气只有 0.09 克——仅相当于同体积空气质量的 2/29。（实际比空气轻 14.38 倍）

　　在常温下，氢气比较不活泼，但可用催化剂活化。单个存在的氢原子则有极强的还原性。在高温下氢非常活泼。除稀有气体元素外，几乎所有的元素都能与氢生成化合物。

　　在地球上和地球大气中只存在极稀少的游离状态氢。在地壳里，如果按重量计算，氢只占总重量的 1%，而如果按原子百分数计算，则占 17%。氢在自然界中分布很广，水便是氢的"仓库"——水中含 11% 的氢；泥土中约有 1.5% 的氢；石油、天然气、动植物体也含氢。在空气中，氢气倒不多，约占总体积的二百万分之一。在整个宇宙中，按原子百分数来说，氢却是最多的元素。据研究，在太阳的大气中，按原子百分数计算，氢占81.75%。在宇宙空间中，氢原子的数目比其他所有元素原子的总和约大100倍。

早在16世纪，瑞士的一名医生就发现了氢气。他说："把铁屑投到硫酸里，就会产生气泡，像旋风一样腾空而起。"他还发现这种气体可以燃烧。然而他是一位著名的医生，病人很多，没有时间去做进一步的研究。

17世纪时又有一位医生发现了氢气。那时人们的智慧被一种虚假的理论所蒙弊，认为不管什么气体都不能单独存在，既不能收集，也不能进行测量。这位医生认为氢气与空气没有什么不同，很快就放弃了研究。

最先把氢气收集起来并进行认真研究的是英国的一位化学家卡文迪许。

他测出了这种气体的比重，接着又发现这种气体燃烧后的产物是水，无疑这种气体就是氢气了。卡文迪许的研究已经比较细致，他只需对外界宣布他发现了一种氢元素并给它起一个名称就行了，真理的大门就要向他敞开了，幸运之神就要向他微笑了。

但卡文迪许受了虚假的"燃素说"的欺骗，坚持认为水是一种元素，不承认自己无意中发现了一种新元素，真是非常可惜。

后来拉瓦锡听到了这件事，他重复了卡文迪许的实验，认为水不是一种元素而是氢和氧的化合物。在1787年，他正式提出"氢"是一种元素，因为氢燃烧后的产物是水，便用拉丁文把它命名为"水的生成者"。

延伸阅读

卡西尼（1625—1712），1625年6月8日生于意大利佩里纳尔多，1712年9月14日卒于法国巴黎。早年在热那亚等地求学。从1650年起担任波洛尼亚大学天文学教授19年。1664年7月观测到木星卫星影凌木星现象，由此开始研究木卫与木星的公转自转。他描述了木星表面的带纹和斑点，正确地解释为木星表面的大气现象；他还指出木星外形的扁圆状。

1666 年，他测定火星的的自转周期为 24 小时 40 分（误差约 3 分）；1668 年公布第一个木星历表。1669 年他前往巴黎皇家科学院工作。1671 年巴黎天文台落成，他成为这个天文台的领导人。1673 年加入法国国籍。他在巴黎天文台发现了土星的 4 颗卫星土卫八、土卫五、土卫四和土卫三。在此之前只有惠更斯发现了一颗土星卫星（土卫六，1655 年）。

1675 年，卡西尼发现土星光环中间有一条暗缝，后称卡西尼缝。他还准确地猜测了土星光环是由无数微小颗粒构成的。1679 年他公布了一份月面图，在以后的一个多世纪里没人超越。

从 1683 年 3 月起，他系统地观测研究了黄道光，正确地猜测到它是无数极细微的行星际微粒反射太阳光造成的，而不是大气现象。1672 年火星冲日期间测定了火星视差并推算了太阳视差。

卡西尼在理论上是保守的，是最后一位不愿接受哥白尼理论的著名天文学家。他反对开普勒定律；拒不接受牛顿的万有引力定律；反对光速有限的结论。

J·卡西尼（1677—1756），是 G·D·卡西尼次子。他接任了巴黎天文台领导，继承他父亲生前从事的子午线弧长勘测工作。他发现了恒星大角（牧夫座 a）有自行。他虽然接受了哥白尼的观点，但仍然激烈反对牛顿的引力定律。为给父亲辩护，他甚至故意忽略自己的许多观测结果与父亲的理论不相一致的事实。

天王星

天王星体积巨大，是类木行星的一员。天王星的大气似乎含有大量的甲烷。可能正是由于存在这种气体，才使天王星呈现出它特有的淡绿色。

天王星在太阳系中独特的一点是，它的自转轴对黄道面的倾角是 8°。这意谓着天王星实际上是躺在其轨道面上滚动的。另外，天王星也是自西向东自转，这一点是和金星唯一的共同之处。

偶然建立的功勋

1781 年，威廉·赫歇尔发现了太阳系的第七颗大行星——天王星。因为发现天王星有功，他成了英国的贵族，并扬名于全世界，成为世界著名的天文学家。

赫歇尔

其实，赫歇尔并不是一直从事天文工作的。他出生在德意志的汉诺威，最初是一个音乐家，17 岁去英国，当家庭歌会的双簧管吹奏者。他一方面以音乐为生，一方面用功学习数学和物理。1774 年，他亲手制成了一架望远镜，并且用它来观测星空。

天王星是他偶然发现的。这确是一项巨大的发现，为哥白尼学说提供了新的证据，是继哥白尼之后在太阳系研究上又一个新的里程碑。因为这一发现，他于 1782 年被选为英国国王手下的天文官。

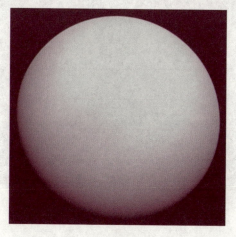

天王星

躺着走路的星

在八大行星队伍里，天王星是第三号"巨人"。它的赤道半径 26 000 千米，体积约是地球的 65 倍，质量和 15 个地球质量相当，仅次于木星和土星。

天王星的轨道位于土星轨道外面，到太阳的平均距离是 29 亿千米，约等于 19 个天文距离单位。由于离太阳远，接收太阳的光和热不到地球的 3‰，因此，它的表面温度很低，平均温度是零下 200℃左右。

天王星自转的速度也很快，只要 10 小时 49 分钟就自转一周。可是，在围绕太阳公转的轨道上走得却很慢（每秒大约 6.8 千米）。因此，围着太阳转一圈需要 84 个地球年。

天王星也有一层稠密的大气，光谱分析证明，它的主要成分是氢、氮和甲烷。今天我们的观测还只限于大气的外层。这层大气的性状和其他更多的细节，都还很不清楚。至于大气的下面还隐藏着一些什么东西，甚至这个星球有没有一个固体的表面，都还一无所知。

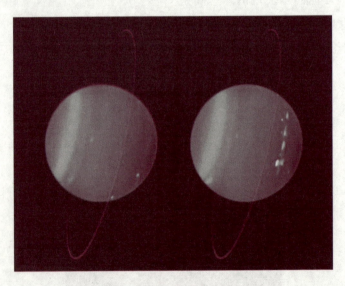

天王星自转

　　天王星的自转与众不同，非常有趣。太阳系其他行星的赤道面和轨道面，都有不大的夹角，也就是说，它们是互相倾斜的，用句形象的话来说，它们是侧着身子转的。天王星却不同，天王星的自转轴和轨道面只有 8°的夹角，好像躺着转动似的。

　　这样一种运动形式，使得天王星在一年当中，太阳轮流照射着它的南极和北极。这就使天王星上的昼夜和四季出现有趣的现象：当太阳照射到北极时，北半球是夏季，南半球是冬季。在夏季的时候，太阳永不落山，全是白天，没有黑夜。相反，在冬天的南半球，整天见不到阳光，全是黑夜，没有白天。当太阳照射到南极时，南半球是夏季，北半球是冬季。南半球整天被阳光照射，没有黑夜；北半球整天照不到阳光，没有白天。

　　不过，即使在阳光整天照射的夏天，天王星的表面温度也是很低的，一般在 −211℃左右。

　　当太阳照射在它的赤道上时，天王星上也有昼夜的变化，不过这个昼夜出现的区域是相当狭小的，只出现在赤道南北各 8°的区域。其他区域，要么是茫茫长夜，要么是漫长的白天，见不到昼夜替换。

　　天王星的自转周期，长期以来一直确定不下来。近年来，用光谱方法定出其自转周期为 24 小时，但"旅行者—2 号"探测结果和这个数值又有不同。

　　天王星有浓密的大气，其主要成分是氢。据理论推测，氢的含量约是地球中氢含量的 50 倍。除了氢以外，还含有少量的甲烷、氨、氦和氖等气体。在大气层深处，覆盖着厚厚的云层。

　　在天王星表面有一层厚冰，冰层内部是个含金属铁的岩石核。人们把天王星表面的冰层称为天王星幔，它的主要成分是水冰和氨水。

光环和卫星

　　天王星也有光环，这是 1977 年 3 月 10 日中、美等国 5 个天文台在观测天王星掩星时发现的。它位于赤道面附近。起初，认为这个光环由 5 个同心环组成，由里向外的顺序是 α 环、β 环、γ 环、δ 环和 ε 环。其中 ε 环最宽，是主环，宽度达 100 千米。其余 4 个环宽度在 10 千米左右。而且彼此距离很远。后来又发现，在 α 环以内还有 3 个环，在 β 环和 γ 环之间还有 1 个环。1986 年 "旅行者—1 号"初次访问天王星时，又发现了 2 个新环，至此，天王星周围已发现 11 个光环了，数量已经超过以光环闻名的土星。由于天王星环的宽度不大，所以在地球上从望远镜里无法直接看到它们的形状。1978 年，美国天文学家用红外光拍下的天王星环照片表明，天王星环是由许多小固体块组成的，大概含有石块。

天王星光环

目前，天王星拥有 27 颗已知的天然卫星。天王星的卫星被分作 3 群：13 颗内圈卫星、5 颗主群卫星和 9 颗不规则卫星。内圈卫星为暗黑色的小天体，并和天王星环有着相同的属性和来源。5 颗主群卫星的质量足够大，能使自身坍缩成近球体；其中 4 颗显示出内部的活动的痕迹，如形成峡谷和火山喷发。天卫三是当中最大的，其直径有 1 578 千米，为太阳系第 8 大卫星，质量比地球的卫星月球小 20 倍。天王星不规则卫星的轨道离心率和轨道倾角都很高（大部分为逆行），并且距离天王星很远。

天卫三和天卫四是 1787 年由赫歇尔发现的；天卫一和天卫二是 1851 年由拉塞尔发现的。天卫五迟迟不肯露面，直到 1948 年才被凯珀发现。另外有 10 颗小卫星，则是 1986 年由 "旅行者—2 号"访问天王星时在空间观测到的。天卫五、天卫一、天卫二、天卫三和天卫四到天王星中心的距离分别是 130 000 千米、192 000 千米、267 000 千米、438 000 千米和 586 000 千米，公转周期分别是 1.414 天、2.520 天、4.144 天、8.706 天和 13.463 天。它们都在近圆形轨道上绕天王星运行，轨道面和天王星赤道面交角很小。它们是规则卫星。

关于天王星光环和卫星的成因众说纷纭，至今还没有明确的定论。

"旅行者2号"的发现

1986年1月，"旅行者2号"飞船初次访问天王星。从1月10日至2月25日，先后对天王星观测了46天。考察的内容有大气层、磁层、卫星和光环。它依次进入天王星磁层，飞临天卫三、天卫一、天卫五、天卫二、穿过光环平面。旅行者2号在天王星上空取得了一系列新发现，除上面叙述的光环和卫星外，还发现了天王星有类似木星和土星的磁层和辐射带，其磁轴与自转轴夹角为55°；测量了天王星大气的温度轮廓、压力随温度的变化以及赤道到两极的温度分布；探测了天王星电离层的射电变化，测出天王星有极光，而且电辉光与气辉光之比为7：3；重新测定了天王星的自转周期，新测定的自转周期值是16.8小时；探测出天王星本体由大气、海洋和熔岩核心组成，其中大气占半径的1/2，海洋和核心各占半径的1/4；考察了5个大卫星的地形，发现天卫五表面具有极其复杂的地貌。

▸▸ 知识点

>>>>>

甲 烷

甲烷在自然界分布很广，是天然气、沼气、油田气及煤矿坑道气的主要成分。它可用作燃料及制造氢气、炭黑、一氧化碳、乙炔、氢氰酸及甲醛等物质的原料。化学符号为CH_4。

甲烷是无色、无味、可燃和微毒的气体。甲烷对空气的重量比是0.54，比空气约轻一半。甲烷溶解度很小，在20℃、0.1千帕时，100单位体积的水，只能溶解3个单位体积的甲烷。同时甲烷燃烧产生明亮的蓝色火焰，然而有可能会偏绿，因为燃甲烷要用玻璃导管，玻璃在制的时候含有钠元素，所以呈现黄色的焰色，甲烷烧起来是蓝色，所以混合看来是绿色。

天然气的主要成分是甲烷，可直接用作气体燃料。

甲烷高温分解可得炭黑，用作颜料、油墨、油漆以及橡胶的添加剂等；氯仿和 CCl_4 都是重要的溶剂。

甲烷在自然界分布很广，是天然气、沼气、坑气及煤气的主要成分之一。它可用作燃料及制造氢、一氧化碳、炭黑、乙炔、氢氰酸及甲醛等物质的原料。

甲烷对人基本无毒，但浓度过高时，使空气中氧含量明显降低，使人窒息。当空气中甲烷达 25% ~ 30% 时，可引起头痛、头晕、乏力、注意力不集中、呼吸和心跳加速、共济失调。若不及时远离，可致窒息死亡。皮肤接触液化的甲烷，可致冻伤。

延伸阅读

旅行者 2 号（Voyager 2）是一艘于 1977 年 8 月 20 日发射的美国国家航空航天局无人宇宙飞船。它与其姊妹船旅行者 1 号基本上设计相同。不同的是旅行者 2 号循着一个较慢的飞行轨迹，使它能够保持在黄道（即太阳系众行星的轨道水平面）之中，藉此在 1981 年的时候透过土星的引力加速飞往天王星和海王星。正因如此，它并没有像它的姊妹旅行者 1 号一样能够如此靠近土卫六。但它因此而成为了第一艘造访天王星和海王星的宇宙飞船，完成了藉这个 176 年一遇的行星几何排阵而造访 4 颗行星的机会。

旅行者 2 号被认为是从地球发射的太空船中最多产的一艘宇宙飞船。皆因在美国国家航空航天局对其后的伽利略号和卡西尼－惠更斯号等的计划上紧缩花费之下，它仍能以强大的摄影机及大量的科学仪器造访 4 颗行星及其卫星。

旅行者 2 号在 1979 年 7 月 9 日最接近木星，在距离木星云顶 570 000 千米（350 000 英里）处掠过。这次拜访多发现了几个环绕木星的环，并拍摄了一些木卫一的照片，显示其火山活动。

旅行者 2 号在 1981 年 8 月 25 日最接近土星。当太空船处于土星后方时（相对地球而言），它以雷达对土星的大气层上部进行探测，并测量了气温及密度等。旅行者 2 号发现高层位置（气压相当于 7 百帕时）的气温为 70K，而在低层位置（气压相当于 120 百帕）则量度出 143K。

略过土星后，船上的拍摄平台有点卡住了，使前往天王星和海王星的任务产生变量。幸好，地面的工作人员最终把问题解决，那是因为过度使用而令润滑油暂时耗尽。最终太空船仍是接到继续前进的指令，前往天王星。

旅行者 2 号在 1986 年 1 月 24 日最接近天王星，并旋即发现了 10 个之前未知的天然卫星。另外太空船亦探测了天王星由其自转轴倾斜 97.77° 原故而独特的大气层，并观察了它的行星环系统。在这首次的掠过之中，最接近天王星时只距离天王星的云层顶部 81 500 千米（50 600 英里）而已。

旅行者 2 号在 1989 年 8 月 25 日最接近海王星。由于这是旅行者 2 号最后一颗能够造访的行星，所以决定将它的航道调校至靠近一点海卫一，不再理会飞行轨迹，就像旅行者 1 号完成造访土星后不理飞行轨迹靠近一点土卫六进行研究一样。

在 2006 年 9 月 5 日，旅行者 2 号正处于距离太阳 80.5 个天文单位（相当于 12 太米）左右，深入于黄道离散天体之中，并正以每年 3.3 天文单位的速度前进。在这个距离是太阳与冥王星之间的距离两倍，并比塞德娜的近日点较远，但仍未超越厄里斯的轨道最远处。

旅行者 2 号将会继续传送讯号直至 2020 年代为止。

海王星

海王星作为八大行星之一，它本身并没有什么奇特之处，只是由于发现它的方法是十分新奇而前所未闻的，因此使它在天文史上给人们留下了一个难忘的印象，一直到今天，它仍然被人们引用来作为科学预见的一个光辉例证，称海王星是笔尖下的行星。

笔尖下的行星

1781 年，天王星被发现后，天文学家们根据天体力学的原理对这颗新行星的运行轨道进行了计算，可是，不论怎样计算，都不能准确地预测出天王星在天空中的位置。这颗"性格古怪"的星球，总是偏离它应该走的路线。

天王星运动轨道的"不规则性"，使人们感到非常困惑不解。这个奇特的现象，甚至一度使某些天文学家怀疑哥白尼—牛顿的天体力学原理是不是宇宙间的普遍规律？为了解开天王星"不规律性"的原因，他们不辞劳苦地反复计算了几个已知行星间，由于相互引力作用而产生的摄动情况，把这些计算结果和天王星的运动情况作了一系列仔细的对比之后，发现似乎是在天王星轨道以外，还有一颗更远的未知的行星在影响着它的运动。1840 年，天文学家贝塞尔明确地提出了这一看法，从此，世界各地的天文台开始了寻找这颗神秘的未知行星的新高潮。

因为人们知道，根据牛顿力学定律可以准确地计算一个已知质量和运行轨道的行星，对另一个行星运动轨道的摄动，现在的问题正好相反，是要求通过已知被摄动的轨道，计算产生这一摄动的另一个未知行星的质量和运动。换句话说，产生摄动的行星的质量，与太阳的距离、轨道的形状等等都是未知数。在计算过程中，对这些未知因素都必须一一作以假定，假定的正确与否直接关系到能否找到这颗行星。当然，这种要求是可以做到的，但显然是极其困难的。

1843 年，英国剑桥大学 23 岁的青年学生亚当斯，勇敢地担当起这件工作。他在哥白尼学说基础上，运用万有引力定律，于 1845 年算出这颗新行星的位置，于 10 月 21 日送到了格林尼治天文台。当时的格林尼治天文台没有理睬这位"小人物"的预报，而让这颗本来应当由他们发现的新行星两次从他们的望远镜中溜了过去。

在亚当斯的同时，法国的勒威耶也独立地计算这颗新行星的位置。1846 年 9 月 18 日，他把结果寄给了德国柏林天文台的伽勒。9 月 23 日，伽勒收到勒威耶的信，拆开一看，信上写着：请您把你们的望远镜指向黄经 326°处宝

格林尼治天文台

瓶座内黄道上的一点，您将在离此点大约1°的区域内发现一颗圆而明显的新行星，它的亮度约9等星。

接到信的当天晚上，伽勒就在勒威耶预报的位置上发现了这颗新行星。古罗马神话中有一位统治水晶宫的海王，名叫奈普吞。天文学家根据这个神话，给新发现的行星取名为海王星。这是太阳系的第八颗大行星。

海王星概况

海王星离地球40多亿千米，人的眼睛看不见它，但遇上观测它的良好时机，只要一架小望远镜，再对照一幅星图去寻找，也可以找到这颗淡绿色行星。

海王星到太阳的平均距离大约是44.95亿千米，比地球到太阳的距离远30倍。由于离太阳十分遥远，它接收太阳的光和热只有地球接收的1‰，因此，那里的温度很低，一般在−200℃以下。据估计，那里有厚达8 000千米的冰层，比地球上喜马拉雅山的冰层厚1 000倍。冰层下面是岩石构成的核，核的厚度也是8 000千米。

在望远镜里，这个遥远的星星和木星一样，也是一个明显的扁球，这是它快速自转的结果。表面上也分布着一条条平行于赤道的明暗相间的带状斑痕。不过颜色不像木星上那种以淡黄色为主的色调，而是呈现一种奇特的淡绿色。这些现象不仅说明海王星周围一定也包裹着一层大气，而且大气的成分一定和土星与木星的大气成分还有所差异。后来观测证明，海王星大气层的主要成分除了氢和氦以外，还含有比较多的甲烷。是不是这些气体的结合使得海王星呈现漂亮的淡绿色？或者还有别的什么成因？那就需要更进一步的研究了。

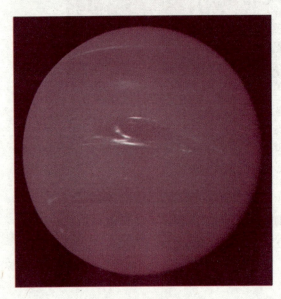

海王星

海王星半径约为 25 100 千米，差不多是地球的 4 倍。体积约为地球的 44 倍。质量同 17 个地球相当，所以它的密度比地球小得多。

海王星绕太阳公转一圈相当于 165 年，可它自转一周只需要 15 小时 40 分，也就是说，海王星上的一天约等于地球上的半天多一点。可是，它围绕太阳公转的轨道半径比地球公转轨道的半径长约 30 倍，而且走得又非常慢（平均轨道速度每秒只有 5.4 千米），因此，围绕太阳转一周需要将近 165 个地球年，或者说海王星上的一年有 91 500 多个昼夜。从人类发现它到现在，它还没有围着太阳绕完一个圈子呢！

海王星的转轴倾斜有 29°，因此这个星球上可能和地球一样也有四季交替，不过，根据它距太阳的遥远距离推测，太阳赋予它的光和热不会给这里的四季带来什么明显的变化

海王星拥有 13 颗已知天然卫星。其中最大的一颗为海卫一，由威廉·拉索尔在发现海王星后 17 天发现。一个世纪之后，第二颗卫星海卫二才被发现。

海卫一由于体积很大，直径达 4 000 千米，超过了地球的卫星——月球，仅次于木卫三和木卫四。在太阳系的所有卫星中名列第三。由于它的质量足够

大，使其能坍缩成近球体形状。因此若它是直接环绕太阳公转，则会被归为矮行星。海卫一的轨道很特别，虽然呈正圆，但却逆行，轨道倾角也很高。海卫二直径只有 300 千米，距离海王星远达 556 万千米。

在海卫一的轨道以内有 6 颗"不规则卫星"，轨道均为顺行，轨道倾角不高。其中有些运行于海王星环间。

海王星还有 6 颗外圈"不规则卫星"，它们距离海王星更远，而且轨道倾角很高，包括顺行和逆行的卫星。

海卫一

通过"旅行者—2 号"的实地探测，发现海王星也有光环，这是在太阳系里第四个有光环的大行星。海王星有 5 条光环，它们有的是完整的环，有的是不完整的，这对研究太阳系行星光环的理论提出了新的挑战。

"旅行者—2 号"还发现海王星也有磁场。它的表面也有和木星大红斑类似的构造。关于详细情况还待进一步研究。

目前，人们对海王星的认识，可以说是极其肤浅的。除了表面上看到的这些现象以外，至于这颗行星的内部，甚至它的表面是个什么样子，现在都还一无所知。

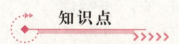

知识点

磁　场

磁场是一种看不见，而又摸不着的特殊物质，它具有波粒的辐射特性。

磁体周围存在磁场，磁体间的相互作用就是以磁场作为媒介的。电流、运动电荷、磁体或变化电场周围空间存在的一种特殊形态的物质。由于磁体的磁性来源于电流，电流是电荷的运动，因而概括地说，磁场是由运动电荷或电场的变化而产生的。

磁场的基本特征是能对其中的运动电荷施加作用力，即通电导体在磁场中受到磁场的作用力。磁场对电流、对磁体的作用力或力距皆源于此。而现代理论则说明，磁力是电场力的相对论效应。

与电场相仿，磁场是在一定空间区域内连续分布的向量场，描述磁场的基本物理量是磁感应强度矢量 B，也可以用磁感线形象地图示。然而，作为一个矢量场，磁场的性质与电场颇为不同。运动电荷或变化电场产生的磁场，或两者之和的总磁场，都是无源有旋的矢量场，磁力线是闭合的曲线簇，不中断，不交叉。换言之，在磁场中不存在发出磁力线的源头，也不存在会聚磁力线的尾间，磁力线闭合表明沿磁力线的环路积分不为零，即磁场是有旋场而不是势场（保守场），不存在类似于电势那样的标量函数。

电磁场是电磁作用的媒递物，是统一的整体，电场和磁场是它紧密联系、相互依存的两个侧面，变化的电场产生磁场，变化的磁场产生电场，变化的电磁场以波动形式在空间传播。电磁波以有限的速度传播，具有可交换的能量和动量，电磁波与实物的相互作用，电磁波与粒子的相互转化等等，都证明电磁场是客观存在的物质，它的"特殊"只在于没有静质量。

磁现象是最早被人类认识的物理现象之一，指南针是中国古代一大发明。磁场是广泛存在的，地球，恒星（如太阳），星系（如银河系），行星、卫星，以及星际空间和星系际空间，都存在着磁场。为了认识和解释其中的许多物理现象和过程，必须考虑磁场这一重要因素。在现代科学技术和人类生活中，处处可遇到磁场，发电机、电动机、变压器、电报、电话、收音机以至加速器、热核聚变装置、电磁测量仪表等无不与磁现象有关。甚至在人体内，伴随着生命活动，一些组织和器官内也会产生微弱的磁场。地球的磁级与地理的两极相反。

延伸阅读

格林尼治天文台，建于1675年。当时，英国的航海事业发展很快。为了解决在海上测定经度的需要，英国当局决定在伦敦东南郊距市中心约20多千米，泰晤士河畔的皇家格林尼治花园中建立天文台。1835年以后，格林尼治天文台在杰出的天文学家埃里的领导下，得到扩充并更新了设备。他首创利用"子午环"测定格林尼治平太阳时。该台成为当时世界上测时手段较先进的天文台。

随着世界航海事业的发展，许多国家先后建立天文台来测定地方时。国际上为了协调时间的计量和确定地理经度，1884年在华盛顿召开国际经度会议。会议决定以通过当时格林尼治天文台埃里中星仪所在的经线，作为全球时间和经度计量的标准参考经线，称为0°经线或本初子午线。此后，不仅各国出版的地图以这条线作为地理经度的起点，而且也都以格林尼治天文台作为"世界时区"的起点，用格林尼治的计时仪器来校准时间。

第二次世界大战前夕，伦敦市已发展成为世界著名的工业城市。战后，格林尼治地区人口剧增，工厂增加，空气污染日趋严重，尤其是夜间灯光的干扰，对星空观测极为不利。这样就迫使天文台于1948年迁往英国东南沿海的苏塞克斯郡的赫斯特蒙苏堡。这里环境优美，空气清新，观测条件好。迁到新址后的天文台仍叫英国皇家格林尼治天文台。但是，现在的格林尼治天文台并不在0°经线上，地球上的0°经线通过的仍是格林尼治天文台旧址。

格林尼治天文台旧址后来成为英国航海部和全国海洋博物馆天文站。里面陈列着早期使用的天文仪器，尤其是子午馆里镶嵌在地面上的铜线——0°经线，吸引着世界各地的参观者。到这里的游人都喜欢双脚跨在0°经线的两侧摄影留念，象征着自己同时脚踏东经和西经两种经度。

1905年皇家天文台迁往新址后，该天文台划归国家海洋博物馆，设有天文站、天文仪器馆等，主要供展览用。展出的天文历史资料中有早期的天文望远镜、各国早期设计的时钟、地球仪、浑天仪（其中不少是当时中国的制品，和很多天象发现的经过（如哈雷彗星等）。

矮行星

矮行星是 2006 年 8 月 24 日国际天文联合会重新对太阳系内天体分类后新增加的一组独立天体，此定义仅适用于太阳系内。简单来说矮行星介乎于行星与太阳系小天体这两类之间，但会议后天文学家对此类天体定义仍有争论。

矮行星的描述如下：

（1）以轨道绕着太阳的天体。

（2）有足够的质量以自身的重力克服固体应力，使其达到流体静力学平衡的形状（几乎是球形的）。

（3）未能清除在近似轨道上的其他小天体。

（4）不是行星的卫星，或是其他非恒星的天体。

会议随后并把 3 颗已知的天体：冥王星、原为 1 号小行星的谷神星与柯伊伯带天体阋神星划入矮行星之中。

与行星定义的不同处只在矮行星未能清除在轨道上相邻的小天体，因而使冥王星从行星改列为矮行星，因为它未能清除柯伊伯带上邻近的小天体。目前矮行星共有 5 颗：冥王星、谷神星、阋神星、鸟神星、妊神星。

冥王星

冥王星曾经是太阳系第九大行星，现在被归入矮行星行列。冥王星的发现和探索过程是很有趣的。

天王星轨道的摄动，导致人们找到了海王星，后来，在计算海王星的轨道时，发现它也有偏离现象，难道在海王星的外面还有一颗什么星在等待人们去发现吗？寻找海王星的成功经验，鼓舞着天文学家们又开始了"星海捞针"的艰苦劳动，并且信心十足地相信一定会成功。

在发现海王星 59 年后的 1905 年，寻找太阳系第九个成员的工作就展开了。世界各地的天文台，都用当时最精密的天文望远镜，对准通过数理计算预测的位置，不厌其烦地反复搜索着这个似有又无的新伙伴。20多年过去了，望远镜里始终没有出现它的踪迹，老一代的科学家怀着十分遗憾的心情死去了，年青的一代又勇敢地接替了这一前途未卜的工作。可是，坚强的信念，在两代人的身上都没有动摇过。

1930年3月13日，美国洛威耳天文台的青年天文学家汤博在检查同年1月23日用望远摄影机拍摄的一批巡天照片时，发现在双子星座的点点群星中有一颗星，好像在许多星星之间"跑"了一段路，这个现象引起他极大的注意。追踪的结果，终于证实了，这就是人们长期要寻找的那颗新行星。

接着，更多的计算知道了这个新行星距离太阳远达59亿千米，比地球和太阳之间的距离远了约40倍。光以每秒30万千米的速度走完这段路程也要5小时30分。或者说，在这个星球上任何时候所看到的太阳光，都是5个半小时以前发射出来的。在这个行星上看去，太阳只是天空中一个十分模糊的小亮点，和一颗芝麻差不多大小。遥远的距离，使它从太阳得到的光和热是极其微小的，只有地球从太阳得到的光热的1/1600。因此，它是一个既寒冷又黑暗的星球。人们正是根据这个特点，给它取了一个象征希腊神话中，独自住在阴森寒冷的地府里的冥王"普鲁托"的名字——冥王星。

现在，冥王星的质量和体积均被认为是地球的质量和体积的1/10。这意谓着冥王星的密度一定和地球的密度大致相当。因此，冥王星是岩质的，而不是气态的行星。冥王星是如何取得它目前这一位置——处于远离类木行星外侧，还不得而知。

冥王星的体积至今也是同样难于确定的，因为冥王星没有显示出可以测量的圆面。已经使用过的一种办法是，当冥王星在一颗明亮的恒星前面通过时，利用计算掩食时间来确定。另一种办法是，根据冥王星的亮度来估计它的大小。可是这样做，就必须对冥王星表面对光的反照率作出推测。然而我们又没有精确获知其反照率的任何方法。最近，光谱证据已经指明，冥王星周围没有大气存在，表面上也不是什么裸露的岩石，而是覆盖着一层冰冻的甲烷。因此，推想这个星球可能完全是一个冰冻的世界。

由于冥王星上有甲烷冰存在。因为这种物质大概非常明亮，所以冥王星会比以前人们以为的要小得多。冥王星的轨道对黄道面的倾角大于 17°；而且这个轨道的偏心率约为 0.25，也是很大的，以至在它公转一周的某一段时间内，冥王星能闯入海王星的轨道内侧。这些事实，连同冥王星的不相称的物理特性，使有些天文学家不得不认为，这颗行星曾经一度是海王星的一个卫星；它后来从海王星的引力束缚中逃逸出来，而开始按照自己的轨道绕太阳运转。

冥王星和它的卫星

冥王星的卫星叫查龙。1978 年 6 月 22 日，美国克里斯蒂发现冥王星的星象是扁长的，他推测冥王星可能有卫星。7 月 7 日他正式宣布发现了冥王星卫星。查龙是希腊神话中载亡灵渡过冥河的艄公的名字，这与冥王普鲁托倒也相称。查龙的直径只有冥王星的 1/3，质量只有冥王星的 3%，在冥王星赤道面上沿圆形轨道绕冥王星运行，轨道半径约 19 000 千米。

其他矮行星

谷神星（Ceres）或小行星 1 是太阳系中最小的、也是唯一一颗位于小行星带的矮行星。由意大利天文学家皮亚齐发现，并于 1801 年 1 月 1 日公布。

谷神星的直径约 950 千米，是小行星带之中已知最大最重的天体，约占小行星带总质量的 1/3。

谷神星

阋神星（Eris），代号 136199，而之前的代号是 2003UB313，并曾被传为第十大行星"齐娜"。它比冥王星稍大，但是轨道是冥王星到太阳距离的两倍。

阋神星也有一颗卫星，卫星被正式命名为 ErisI（Dysnomia，戴丝诺米娅）。矮行星冥王星和阋神星都是外海王星天体，其轨道为于海王星外的柯伊伯带。阋神星是在 2003 年发现的，其主要成分是冰和甲烷组成的。

鸟神星正式的名称是（136472）Makemake，是太阳系内已知的矮行星中第三大的，也是传统的柯伊伯带天体族群中最大的两颗之一。它的直径大约是冥王星的 3/4。鸟神星没有卫星，因此它是一颗孤独的大海王星外天体。它极低的平均温度（大约 30K）意味着它的表面覆盖著甲烷并且可能有乙烷冰。

妊神星是一颗新近发现的大型柯伊伯带天体，被编号为 2003 EL61，并被暂时昵称为"桑塔"，它的自转速度非常快，没有任何一颗直径大于 100 千米的已知天体拥有如此的自转速度。

它最长的直径可能与冥王星差不多，而最短直径大约是冥王星直径的一半，这使之成为最大的外海王星天体之一，小于阋神星及冥王星。

其自转周期少于 4 小时，人们相信这样快的速度并非由距离行星渐近或渐远的卫星所造成，而可能是因为受到其他天体撞击，其热力使行星表面的水分蒸发掉，表面余下冰层覆盖。据双子星天文台所得的光谱资料，该天体可能存有冰水，与冥卫一的结果相似。同时也在其表面找到甲烷冰，意味着它从未曾接近太阳。

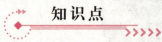
知识点

双子座

双子座（拉丁语：Gemini，天文符号：♊）黄道带星座之一，面积 513.76 平方度，占全天面积的 1.245%，在全天 88 个星座中，面积排行第三十位。双子座中亮于 5.5 等的恒星有 47 颗，最亮星为北河三（双子座 β），视星等为 1.14。每年 1 月 5 日子夜双子座中心经过上中天。纬度变化位于 +90° ~ -60° 之间可全见。

双子座的西边是金牛座，东边是比较暗淡的巨蟹座。御夫座和非常不明显的天猫座位于它的北边，麒麟座和小犬座位于它的南边。

双子座有两颗非常亮的星——北河三和北河二。其他的星都比较暗，只有 γ 是在城市灯光下也能被看到的。但在远离灯光污染的地方，可以看到稀薄的银河从双子座西部经过。

北河三和金牛座的毕宿五、御夫座的五车二、小犬座的南河三、大犬座的天狼星、猎户座的参宿七组成冬季六边形。

1781 年，英国天文学家威廉·赫歇尔和他的妹妹卡罗琳·赫歇尔在双子座 H 附近发现天王星。1930 年，美国天文学家汤博在双子座 δ 附近发现冥王星。

延伸阅读

希腊神话，即口头或文字上一切有关古希腊人的神、英雄、自然和宇宙历史的神话。

希腊神话源于古老的爱琴文明，和中国商周文明略有相像之处。他们是西洋文明的始祖，具有卓越的天性和不凡的想象力。在那原始时代，他们对自然现象，对人的生死，都感到神秘和难解，于是他们不断地幻想、不断地沉思。在他们想象中，宇宙万物都拥有生命。然而在多利亚人入侵爱琴文明后，因为所生活的希腊半岛人口过剩，他们不得不向外拓展生活空间。这时候他们崇拜英雄豪杰，因而产生了许多人神交织的民族英雄故事。这些众人所创造的人、神、物的故事，经由时间的淬炼，就被史家统称为"希腊神话"，公元前十一二世纪到七八世纪间则被称为"神话时代"。神话故事最初都是口耳相传，直至公元前7世纪才由大诗人荷马统整记录于《史诗》中。

包括如《荷马史诗》中的《伊利亚特》和《奥德赛》，赫西奥德的《工作与时日》和《神谱》，奥维德的《变形记》等经典作品，以及埃斯库罗斯、索福克勒斯和欧里庇得斯的戏剧等作品中都能看到希腊神话的具体故事。神话谈到诸神与世界的起源、诸神争夺最高地位及最后宙斯获胜的斗争、诸神的爱情与争吵、神的冒险与力量对凡世的影响，包括与暴风或季节等自然现象和崇拜地点与仪式的关系。希腊神话和传说中最有名的故事有特洛伊战争、奥德修斯的游历、伊阿宋寻找金羊毛、海格力斯（即赫拉克勒斯）的功绩、忒修斯的冒险和俄狄浦斯的悲剧。

希腊神话中的神与人同形同性，既有人的体态美，也有人的七情六欲，懂得喜怒哀乐，参与人的活动。神与人的区别仅仅在于前者永生，无死亡期；后者生命有限，有生老病死。希腊神话中的神个性鲜明，没有禁欲主义因素，也很少有神秘主义色彩。希腊神话的美丽就在于神依然有命运，依然会为情所困，为自己的利益做出坏事。因此，希腊神话不仅是希腊文学的土壤，而且对后来的欧洲文学有着深远的影响。

彗　星

　　说起彗星，可能许多人都还没有见过，见过它的人，也一定会为它那披头散发的形态感到吃惊。由于人们平时很少看到彗星，加之它那扫帚似的古怪相貌，长期以来，给人们留下的印象并不是十分美好的，特别是在科学技术不发达的古代，这位天空中的怪客，就更容易被人解释为一切稀奇古怪事情的根源了。在发黄的历史书卷中，关于彗星的记载是屡见不鲜的，可惜，它总是和其他毫不相干的事情联系在一起，搞得神秘莫测、面目全非了。

　　那么，彗星究竟是什么东西呢？它为什么形态奇特、与众不同呢？

　　其实，彗星并不是什么神秘难侧的怪物，它们也是宇宙间物质存在的一种形式，其中有的也是太阳系家族中的成员之一，只不过是由于条件的差异而样子有点特别，走的路径与别的星体不大相同而已。

　　严格说来，彗星实际上不能算是一颗星，因为从本质上讲，它只是一大团冷气夹杂着冰粒和宇宙尘埃组成的似星似云的东西。我们常说彗星形如"扫帚"，提起它就会想到那条既大且长的尾巴。其实，彗星那条尾巴并不是永恒的"附属品"，有的较暗的彗星，是只有头没有尾的，就是那些大而明亮的有

彗　头

尾巴的彗星，尾巴也在不断发生时长时短、甚至完全消失的变化。

从结构上讲，彗星的主要部分是那个圆形而明亮的彗核和围绕在彗核周围那层朦朦胧胧的称为彗发的气体和尘埃。彗核与彗发一起组成彗头，根据彗核反射太阳光的连续光谱判断，彗核可能是一团密度很小的固体物质。

当彗星距离太阳很远时，它的形状很像一团星云那样的云雾状斑点，只有当它运动到接近太阳时，受到太阳光的加热，以及太阳风的轰击，彗核的物质才开始蒸发和发光，这些被蒸发的、密度极小的云雾状物质，在太阳光斥力和太阳风的作用下，就像风吹烟雾一样被推向背着太阳的方向，这时尾巴就出现了。彗星愈接近太阳，蒸发的物质愈多、受到光压愈强，尾巴也就不断加长。随着彗星逐渐离开太阳，尾巴又由大变小而最后消失后，彗星又变成一个有头无尾的模糊的一斑点了。

彗 尾

从体积来看，彗星无愧是太阳系中最大的天体了。最大的彗星，彗头直径达180万千米，比太阳的直径还大，最小的直径也在5万千米左右，至于那条尾巴，更是长得惊人，1843年测量到的一颗彗星，头尾总长竟达3.2亿千米，超过太阳和地球间距离的两倍。可以想象，这些长尾"怪物"，当它们在其他行星间横空而过时，难免不会"碰"着别人。

曾经有人担心，要是这条大尾巴突然扫到地球上，岂不足把地球"撞"得"粉碎"了吗？直到1910年，还有人为此而担心，这种杞人忧天的顾虑是完全不必要的。彗星虽然体积庞大，但密度却极小，按地球的标准来说，几乎和真空差不多了，甚至透过它可以看到其他星星。因此，天文学家巴比内把彗星叫做"看得见的虚空"，看来是很有道理的。地球和这样一个物体相"撞"，只会像燕子穿过炊烟那样，难道还会出现什么可怕的灾难吗？

其实，地球和彗星相遇已不止一次了。就拿 1910 年 5 月 19 日那次来说吧，地球在一颗彗星的尾巴里"走"了几个小时，如果不是天文学家报告，人们还不知道呢。

彗星的轨道不同于其他行星所走的那种近似圆形，而是偏心率很大的又扁又长的椭圆形，比如著名的哈雷彗星，它的远日点跑到海王星轨道以外，几乎接近冥王星的轨道了。同时，对于地球上的观测者来说，只有当它逐渐接近太阳时，我们方能看到，再加上有的彗星在如此遥远的轨道上运转一周，需要很长时间，因此，在过去那些对它知之不详的年代里，总认为每次见到的都是一个新彗星，它们和我们相见一面以后，也就再也看不到了。

1705 年，与牛顿同时代的英国天文学家哈雷，根据万有引力定律，揭开了彗星运动的秘密，哈雷经过周密的轨道运算，发现他在 1682 年观测到的那颗大彗星，实际上就是 1531 年和 1607 年曾经通过地球的同一颗彗星。它的运转周期是 75 年或 76 年，并且信心十足地预言，这颗彗星必定会在 1758 年重返再现。这个消息震动了世界，各地的天文学家都急切地等待着验证这个当时

哈雷彗星

看来有点大胆的预言。1758 年来到了，正好在圣诞节这一天，捷克天文爱好者巴利奇发现哈雷预见的这颗彗星像一列准点运行的火车，果然如期而至了。哈雷第一次证实了彗星也是按照固定的轨道运转的。可惜，这时哈雷已经去世 17 年了，没有亲眼看见这一盛况。后来，这颗彗星被命名为"哈雷彗星"。此后，它果真很有规律地每隔 76 年就跑到太阳身边来一次。最早发现哈雷彗星的还是我国古代的天文学家，早在 2000 多年以前的春秋时代，鲁文公 14 年（前 611 年）就有了它的记载，此后，一直到现在，共记录了 31 次哈雷彗星的出现。

彗星围绕太阳运行的轨道，有长有短，大小不一，因此，它们公转的周期也差别很大，有的几年、几十年、几百年，有的竟达几万年，甚至几十万年。周期短的彗星我们可以一见再见。比如，1818 年发现的恩克彗星，周期只有约 3 年零 106 天，而那些周期长的，真可谓是一见面即永别了。

值得注意的是，彗星的轨道除了受太阳引力场的作用外，同时还要受到大行星引力的影响。这些影响，可以在不同程度上改变彗星的运动速度和轨道形状，如果这种影响大到足以使彗星运动速度把轨道改变为抛物线或双曲线时，这时彗星就会脱离太阳系，永远不会再度返回了。

天空中究竟有多少彗星呢？用开普勒的话来说，"和海里的鱼一样多"。这句话也许有点夸大，但事实上彗星也真不少。天文学家克朗林曾经作过这方面的统计，他说如果把彗星平均运动周期算作 4 万年，以每年发现 4 颗来计算，最少应该有 16 万颗。这个显然远远偏小的数目，已经意味着彗星比小行星多得多了。实际上，要真正弄清楚彗星的数目是完全不可能的，因为彗星也在不断的产生、发展和消亡。

总的来讲，彗星作为太阳系中的一位特殊成员，虽然经过几十年的努力，但对它的了解还是十分浅薄的。直到目前为止，所有关于彗星的资料几乎都是以地球为基地取得的。至于它的内部是否还含有什么意想不到的东西，就像许多天文学家假想的那样："它也许能够给我们提供一些认识太阳系起源的最古老、最原始的物质"等等，现在都无法得到证实。因此，要真正剖析彗星的本质，除非对它进行直接的成分测量，否则是不可能了解到它隐藏的全部奥秘的。

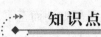 **知识点** ▶▶▶▶▶

太阳风

太阳风是从恒星上层大气射出的超声速等离子体带电粒子流。在不是太阳的情况下，这种带电粒子流也常称为"恒星风"。太阳风是一种连续存在，来自太阳并以 200~800km/s 的速度运动的等离子体流。这种物质虽然与地球上的空气不同，不是由气体的分子组成，而是由更简单的比原子还小一个层次的基本粒子——质子和电子等组成，但它们流动时所产生的效应与空气流动十分相似，所以称它为太阳风。2012 年 3 月，5 年来最强的一次太阳风暴在 7 日上午喷发，无线通讯受到影响。

太阳风的密度与地球上的磁场的密度相比，是非常稀薄而微不足道的。一般情况下，在地球附近的行星际空间中，每立方厘米有几个到几十个粒子，而地球上风的密度则为每立方厘米有 2 687 亿亿个分子。然而太阳风虽十分稀薄，但它刮起来的猛烈劲，却远远胜过地球上的风。在地球上，12 级台风的风速是每秒 32.5 米以上，而太阳风的风速，在地球附近却经常保持在每秒 350~450 千米，是地球风速的上万倍，最猛烈时可达每秒 800 千米以上。太阳风是从太阳大气最外层的日冕，向空间持续抛射出来的物质粒子流。这种粒子流是从冕洞中喷射出来的，其主要成分是氢粒子和氦粒子。太阳风有两种：一种持续不断地辐射出来，速度较小，粒子含量也较少，被称为"持续太阳风"；另一种是在太阳活动时辐射出来，速度较大，粒子含量也较多，这种太阳风被称为"扰动太阳风"。扰动太阳风对地球的影响很大，当它抵达地球时，往往引起很大的磁暴与强烈的极光，同时也产生电离层骚扰。太阳风的存在，给我们研究太阳以及太阳与地球的关系提供了方便。

据推测，在约 100 个天文单位（1 天文单位 = 日地平均距离 = 1.5×10^{8} 千米）以外，太阳风将与起源于银河系的星际气体交接，太阳风占据的空间范围称为"日球层"。研究太阳风的物理过程及其规律已成为空间物理学中一个新的学科分支——日球层物理学。

延伸阅读

埃德蒙·哈雷，英国天文学家和数学家。哈雷生逢以新思想为基础的科学革命时代，1673年进牛津大学王后学院。1676年到南大西洋的圣赫勒拿岛测定南天恒星的方位，完成了载有341颗恒星精确位置的南天星表，记录到一次水星凌日，还作过大量的钟摆观测（南半球钟摆旋转的方向与北半球相反）。

1678年哈雷被选为皇家学会成员，并荣获牛津大学硕士学位。1684年，他到剑桥向牛顿请教行星运动的力学解释，在哈雷研究取得进展的鼓舞下，牛顿扩大了他对天体力学的研究。哈雷具有处理和归算大量数据的才能，1686年，他公布了世界上第一部载有海洋盛行风分布的气象图，1693年，发布了布雷斯劳城的人口死亡率表，首次探讨了死亡率和年龄的关系，1701年，他根据航海罗盘记录，出版了大西洋和太平洋的地磁图，1704年，他晋升为牛津大学几何学教授。

1705年，哈雷出版了《彗星天文学论说》，书中阐述了1337—1698年出现的24颗彗星的运行轨道，他指出，出现在1531、1607和1682年的3颗彗星可能是同一颗彗星的3次回归，并预言它将于1758年重新出现，这个预言被证实了，这颗彗星也得到了名字——哈雷彗星。1716年他设计了观测金星凌日的新方法，希望通过这种观测能精确测定太阳视差并由此推算出日地距离，1718年，哈雷发表了认明恒星有空间运动的资料。1720年继任为第二任格林威治天文台台长。

哈雷还发现了天狼星、南河三和大角这3颗星的自行，以及月球长期加速现象。

流星和陨星

横空而过的流星，恐怕是人们司空见惯的了，特别是夏夜晴空，只要稍稍留意一下，就可以看到这些天外来客，在黑色的天幕上带着一条条发光的亮

英仙座流星群

线，一闪即逝。流星这个名字，大概就是由此而来的。其实，严格地讲，这个名字是不正确的，因为流"星"并不是星，当然更谈不到落下来的问题。所谓星，一般都是指比较大的天体。平时我们在夜空中看到的星星，除了少数几个是太阳系的行星外，绝大部分都是宇宙空间中遥远的恒星，它们有的比太阳还大几倍、几十倍、这些巨大的天体是不会坠落的。那么，流星是些什么东西呢？

在庞大的太阳系中，除了那些有名可查的成员以外，还有数不尽的宇宙尘埃和碎小物体，这些碎小物体，只要处在太阳系范围内，不管其体积如何，它们和行星、彗星等其他成员一样，也是围绕太阳运转的，我们把这种小块物体叫做流星体。在这些无法数计的流星体中，有的是单独围绕太阳运动，有的则集合在一起，几乎以同样的轨道围着太阳旋转，这种流星的集合体叫做"流星群"，比如著名的英仙座流星群、狮子座流星群等等。

流星体在围绕太阳运动时，其中有的由于偶然的机会接近了地球，如果这时它们运动的方向和速度比较合适的话，就会以每秒十几千米至七十千米的宇宙速度冲入地球的大气层。速度如此之大，以致流星体前面的空气来不及躲开，流星体就会像高压活塞那样，压缩它前面的空气，这种压缩作用产生出2 000℃～5 000℃的高热，这些炽热的空气促成了流星体表面的熔化和燃烧，于是带着一缕耀眼的亮光划破长空，从空而降，这就是我们看到的流星。天文学

家们统计，每一昼夜大约有2 000万~2 500万颗之多。

一般流星体质量都很小，常常不超过1克，因此，在它们进入大气层后，大约在距地面130 ~ 110千米高度开始发光，到了80千米高处就全部燃烧完了，仅仅在空中留下一道一闪而过的亮光而已。其中一些较大的流星体，如果在高层大

流　星

气中还没有来得及完全粉碎烧完而窜向地表时，它将受到低层稠密大气愈来愈大的阻力，而减小其原有的宇宙速度，最后就像自由落体那样，以并不太大的速度掉到地球表面上。这种流星体，人们把它叫做陨星。世界上最大的陨星是1920年在非洲西南部发现的陨铁，重约60吨。我国目前已知的最大的陨星，是落在新疆荒野中的一块大陨铁，重约20吨。

天文学家们估计，每年落到地球上来的陨石多以万计，但大多数都掉在辽阔的海洋或荒无人烟的地方了，真正能够被人们发现的为数极少。直到今天，找到一块陨石残片还是一件很难得的事情呢！

陨星一般分为3类：

1. 铁陨星，也称陨铁，一般含铁80%以上，镍5%以上，此外还有少量钴、铜、磷、硫、硅等；密度为每立方厘米从7.5克到8.0克。这类陨星占看见落下并找到的全部陨星的6%。

2. 石陨星，也称为陨石，主要是由氧化硅、氧化镁、氧化铁等组成的矿石，也包含少量的铁、镍等。密度为每立方厘米2.2克到3.8克，这类陨星占全部陨星的92%。约86%的陨石是由一种地球上没有的粒状体组成，称为球粒陨石。粒状体是在高温下形成的球状或扁球状的结晶粒，直径多在0.3和1毫米之间，包含硅酸盐和其他矿物，也有一点点铁、镍等。少数的球粒陨石含碳较多，达2.4%，称为碳质球粒陨石。不是由粒状体组成的陨石称为非球粒陨石。

陨 石

3. 石铁陨星，也称陨铁石，铁镍和硅酸盐等矿物各约占一半，密度为每立方厘米 5.5～6.0 克。这类陨星占全部看见落下并找到的陨星的 2% 左右。

在一些陨星中找到了水，在一些陨星中找到了钻石，在一些碳质球粒陨石中找到了多种有机物，包括甲醛和二三十种氨基酸。

这些成分告诉我们，陨星的组成物质，地球上几乎到处都有。直到目前，还没有发现什么使人惊奇的物质，这就证明了宇宙间物质的一致性，大至恒星，小至微粒，只不过是统一物质在不同条件下的不同表现形式而已，这对于我们最终弄清楚天体演化规律，无疑是不可缺少的宝贵资料。

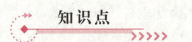
知识点

大气层

大气层又叫大气圈，地球就被这一层很厚的大气层包围着。大气层的成分主要有氮气，占 78.1%；氧气占 20.9%；氩气占 0.93%；还有少量的二氧化碳、稀有气体（氦气、氖气、氩气、氪气、氙气、氡气）和水蒸气。大气层的空气密度随高度而减小，越高空气越稀薄。大气层的厚度大约在 1000 千米以上，但没有明显的界限。整个大气层随高度不同表现出不同的特点，分为对流层、平流层、中间层、暖层和散逸层，再上面就是星际空间了。

延伸阅读

氨基酸，含有氨基和羧基的一类有机化合物的通称。生物功能大分子蛋白质的基本组成单位，是构成动物营养所需蛋白质的基本物质。是含有一个碱性氨基和一个酸性羧基的有机化合物。氨基连在α－碳上的为α－氨基酸。天然氨基酸均为α－氨基酸。

氨基酸是构成蛋白质的基本单位，赋予蛋白质特定的分子结构形态，使它的分子具有生化活性。蛋白质是生物体内重要的活性分子，包括催化新陈代谢的酶。

氨基酸广义上是指既含有一个碱性氨基又含有一个酸性羧基的有机化合物，正如它的名字所说的那样。但一般的氨基酸，则是指构成蛋白质的结构单位。在生物界中，构成天然蛋白质的氨基酸具有其特定的结构特点，即其氨基直接连接在α－碳原子上，这种氨基酸被称为α－氨基酸。在自然界中共有300多种氨基酸，其中α－氨基酸21种。α－氨基酸是肽和蛋白质的构件分子，也是构成生命大厦的基本砖石之一。

构成蛋白质的氨基酸都是一类含有羧基并在与羧基相连的碳原子下连有氨基的有机化合物，目前自然界中尚未发现蛋白质中有氨基和羧基不连在同一个碳原子上的氨基酸。